KB145237

클린 코더

클린 코더

단순 기술자에서 진정한 소프트웨어 장인이 되기까지

로버트 마틴 지음   정희종 옮김

에이콘

짐 쥬크릭은 테러다인에서 만난 동료로 1986년에서 2000년까지 함께 일했다. 우리는 프로그래밍과 깔끔한 코드^{clean code}에 대한 열정을 공유했다. 수많은 프로그래밍 방식과 설계 기법을 가지고 놀며, 여러 밤과 저녁, 주말을 같이 보냈다. 사업 아이디어를 짜내고 끊임없이 일을 꾸몄고, 끝내는 오브젝트 멘터를 함께 설립했다. 이런저런 계획을 쌓아가며 짐에게 많이 배웠다. 하지만 가장 중요한 배움은 직업 윤리에 대한 짐의 태도였다. 그런 태도야말로 내가 열렬히 추구하는 것이다. 짐과 함께 일하고 친구가 되어 자랑스럽다.

이 책에 쏟아진 찬사

"'밥 아저씨' 마틴은 최신 저서로 업계 기준을 확연히 높였다. 밥은 관리자와 상호작용하는 프로 프로그래머, 시간 관리, 압박, 같이 일하기, 사용할 도구 선택에 대한 자신의 기대치를 풀어놓았다. 마틴이 풀어놓은 내용은 테스트 주도 개발[TDD]과 ATDD[Advanced TDD]를 넘어 자신을 프로라 생각하는 모든 프로그래머가 알아야 할 뿐만 아니라, 젊은 프로그래머가 자라나기 위해 꼭 따라야 하는 내용이다."

– 마커스 가트너[Markus Gärtner]
아이티애자일[it-agile GmbH]의 선임 소프트웨어 개발자(www.it-agile.de/www.shino.de)

"몇몇 기술 서적은 영감과 가르침을 준다. 다른 몇몇은 기쁨과 즐거움을 준다. 드물게 4가지를 다 주는 기술 서적도 있다. 로버트 마틴의 책은 항상 나를 만족시켰고, 이 책도 예외는 아니다. 이 책에 나온 교훈을 읽고, 배우고, 그대로 살다 보면 진짜로 자신을 소프트웨어 프로라 부를 수 있게 될 것이다."

– 조지 블록[George Bullock]
마이크로소프트의 선임 프로그램 관리자

"만일 컴퓨터 과학 학위에 '졸업 후 필독서'가 있다면 바로 이 책일 것이다. 현실에서는 학기가 끝나도 당신의 나쁜 코드는 사라지지 않는다. 마감 하루 전 마라톤 코딩으로는 A학점을 받지 못한다. 그리고 가장 나쁜 건, 사람을 상대해야 한다는 점이다. 그래서 코딩 달인이라도 반드시 프로라 말하기는 힘들다. 이 책은 프로를 향한 여정을 서술한다. 그리고 서술 과정에서 놀랍도록 즐거움을 준다."

– 제프 오버베이^{Jeff Overbey}

일리노이 대학교 어바나–샴페인캠퍼스

"이 책은 단순히 규칙이나 가이드라인을 모아놓은 모음집이 아니다. 그 이상이다. 숙달된 장인의 견습 도제로 일하면서 몇 년에 걸친 시행착오를 통해 힘겹게 얻은 지혜와 지식이 담겨 있다. 만일 스스로를 소프트웨어 프로라 부른다면 이 책이 필요하다."

– 보게티^{R. L. Bogetti}

백스터 헬스케어^{Baxter Healthcare}의 책임 시스템 설계자(www.RLBogetti.com)

이 책을 집어 들었다면, 프로 소프트웨어 개발자일 것이다. 좋다. 나도 프로 소프트웨어 개발자다. 지금 읽고 있는 추천의 글에서는 내가 이 책을 집어 든 이유를 말해보고자 한다.

발단이 된 사건은 최근, 그리 멀지 않은 곳에서 일어났다. 자, 막 올리고 조명 준비하고 카메라 돌아갑니다.

몇 년 전 나는 철저한 관리 감독 하에 제품을 판매하는 중소기업에서 일했다. 어떤 회사인지 감이 올 것이다. 3층 건물에, 직원들은 칸막이로 막힌 닭장 같은 곳에서 일했고, 임원들과 고위층은 개인 사무실에서 일했다. 회의에 필요한 사람들을 모두 한 자리에 모으려면 일주일이 넘게 걸렸다.

우리 업계는 경쟁이 매우 심했는데, 마침 정부에서 새 제품을 팔 수 있는 여건을 만들었다.

완전히 새로운 잠재고객이 생겼고, 그 고객들이 우리 제품을 사도록 만들어야 했다. 이는 정해진 마감일 전에 정부에 서류를 제출하고, 그 후 특정 날짜에 평가 감사를 통과해야 할 뿐만 아니라 출시일에 맞춰 제품을 내 놓아야 한다는 뜻이었다.

관리자는 일정이 무엇보다 중요하다는 사실을 귀에 못이 박히도록 강조했다. 한 번만 삐끗하면 정부에 의해 시장 진입이 1년 이상 늦춰질지도 모른다. 첫째 날에 고객과 계약을 못하면 고객은 다른 업체와 계약해서 회사는 사업에 참여도 못하게 된다.

몇몇은 이런 상황에 불만을 내뱉었지만 다른 몇몇은 "압력을 가해야 다이아몬드가 만들어진다."고 떠들고 다녔다.

나는 개발자에서 프로젝트 기술 관리자로 승진한 상태였다. 웹사이트를 일정에 맞게 완성해 잠재고객들이 여러 정보들, 특히 가입 신청서를 다운로드할 수 있게 만드는 일이 내 책임이었다. 같이 일했던 동료는 사업부 프로젝트 관리자였는데 아주 열심이었다. 그 친구를 조^{Joe}라고 부르자. 조가 맡은 역할은 우리와 다른 분야인 영업, 마케팅, 비기술적 요구사항을 다루는 일이었다. 조 역시 "압력을 가해야 다이아몬드가 만들어진다."는 말을 좋아하는 친구였다.

미국 회사에서 일을 할 만큼 해봤다면 손가락질, 잘잘못을 따지는 회의, 업무 거부나 업무 태만 같은 일은 아주 자연스럽다는 사실을 알 것이다. 조와 나는 이 문제를 재미있는 방법으로 해결했다.

일이 잘 끝나도록 만드는 게 우리 업무였는데, '배트맨&로빈'과 조금 비슷했다. 나는 사무실 한쪽 구석에서 매일 기술팀을 만났다. 매일 일정을 재조정하고, 핵심 경로를 파악하고, 핵심 경로에 장애물이 보이는 즉시 제거했다. 소프트웨어가 필요하다면 구해왔다. 방화벽 설정 작업을 '하고 싶긴'한데, "이런, 점심시간이구먼."이라고 말한다면, 점심을 사다 바쳤다. 우리가 요청한 설정 업무를 처리하고 싶은데 다른 바쁜 일이 있다면, 조와 함께 팀장을 만나 우선순위를 조정했다.

그래도 안 되면 관리자를 찾아갔다.

그래도 안 되면 부서장을 찾아갔다.

어떻게든 일을 처리했다.

조금 과장하면 의자를 걷어차고, 소리치고, 고함지르고, 일이 끝나도록 무슨 방법이든 동원했다. 새로운 방법을 발명하기도 했다. 그러면서도 모든 일을 도덕적으로 처리했기에 그때가 자랑스럽다.

곧장 SQL을 작성하거나 동료들과 코드 배포 작업을 하지는 않았지만, 나는 스스로를 팀의 관리자가 아니라 팀의 일부라 여겼다. 그때는 조 역시 관리자가 아니라 팀의 일부라고 생각했다.

시간이 지나서야 조는 다르게 생각한다는 사실을 알게 됐다. 아주 슬픈 일이었다.

때는 금요일 오후 1시, 웹사이트는 다음 월요일 아침 일찍 오픈할 준비가 됐다.

우리는 모든 작업을 마쳤다. '끝낸 것이다.' 모든 시스템이 동작했다. 준비가 됐다. 기술팀 전원을 모아 마지막 스크럼 회의를 가졌다. 스위치를 누르기만 하면 됐다. 기술팀뿐만 아니라, 마케팅에서 제품 관리자에 이르는 업무팀도 우리와 함께였다.

뿌듯했다. 기분 좋은 순간이었다.

그때 조가 들렀다.

"안 좋은 소식이 있어요. 법무팀이 가입 양식을 완성하지 못해서, 아직 사이트를 오픈하지 못합니다."

그리 큰 일은 아니었다. 프로젝트 내내 했듯이 배트맨과 로빈처럼 처리하면 문제가 없었다. 난 준비가 됐기에 당연하다는 듯 대답했다. "좋아요, 친구. 한바탕 더 해보죠. 법무팀은 3층에 있는 거 맞죠?"

그때 일이 이상하게 돌아갔다.

조가 이상하다는 듯 물었다. "그게 무슨 말이에요, 매트?"

나는 대답했다. "아시잖아요. 우리가 늘 손발을 맞췄던 거요. PDF 파일 4개 말하는 거 맞죠? 별일 아니에요. 법무팀이 승인만 하면 되는 거죠? 법무팀 자리로 가서 사람들을 쪼아서 후딱 끝내버려요."

조는 내 말에 동의하지 않았다. "그냥 다음 주 후반에 오픈하면 돼요. 신경 쓸 거 없어요."

그 다음에 어떤 대화가 오갔는지는 짐작이 갈 것이다. 대강 다음과 같다.

> 매트: "왜요? 두세 시간이면 끝낼 수 있잖아요."
>
> 조: "그것보단 더 걸릴 거예요."
>
> 매트: "주말 내내 근무하면 되죠. 시간은 충분해요. 그냥 끝내버리죠."
>
> 조: "매트, 그 사람들은 프로예요. 무작정 쳐들어가서 쪼거나 우리 프로젝트 같은 일 때문에 개인시간을 희생하라고 강요할 순 없어요."
>
> 매트: (멈칫거리며)"...조...지난 넉 달 동안 우리가 기술팀에 한 일은 뭐였나요?"
>
> 조: "그렇긴 한데, 법무팀은 프로라고요."

나는 말문이 막혀, 심호흡을 했다.

조가. 지금. 무슨. 소리를. 한. 거지?

당시 나는 기술팀 직원들은 두말할 나위 없이 프로라고 생각했다.

하지만 다시 돌이켜보면, 그다지 확신을 못하겠다.

배트맨과 로빈 기법을 다른 관점에서 다시 한 번 살펴보자. 나는 팀이 최선을 다 하도록 등을 떠민다고 생각했으나, 조는 내심 기술팀을 적으로 생각하고, 심리전game을 한 게 아닌가 의심이 든다. 생각해보자. 주위를 맴돌면서 의자를 걸 어차고 채근할 필요가 있었을까?

기술팀 직원들에게 언제 끝나는지 물어보고, 확답을 얻은 뒤, 그 답을 믿고서 기 다릴 순 없었을까?

당연한 소리지만, 프로라면 그랬어야 한다. 하지만 그러지 못했다. 조는 우리 답 변을 믿지 않았고 세부사항까지 관리해야 마음이 놓였다. 그러면서도 무슨 이

유에선지 법무팀은 믿었고 세부사항까지 관리할 생각은 없었다.

도대체 어떻게 된 일일까?

법무팀은 어떤 식으로든 프로다운 모습을 보였고 기술팀은 그러지 못했다.

법무팀은 어떤 식으로든 애 돌보듯 하지 않아도 괜찮다고 조를 납득시켰다. 심리전을 할 상대가 아니라 동등한 입장에서 존중받을 만하다는 자격을 보였다.

아니, 번쩍번쩍하는 자격증을 벽에 걸어놓거나 대학을 몇 년 더 다니는 일은 관계 없다고 생각한다. 물론 그 몇 년간이 행동 처신에 대한 사회적 훈련은 되겠지만 말이다.

그 날 이후, 전문 기술자로 일 하는 긴 세월 동안, 무엇을 바꿔야 프로로 대접받을지 항상 궁금했다.

물론 몇 가지 생각해 둔 건 있다. 블로그를 운영하고, 이것저것 많이 읽고, 업무 생활을 개선하려 노력하고, 다른 사람들을 도왔다. 하지만 계획을 알려주고, 길을 환히 밝혀주는 책은 찾지 못했다.

그렇게 우울해 하던 어느 날, 어떤 책의 초안을 검토해 달라는 제안을 받았다. 지금 독자들 손에 들려 있는 이 책 말이다.

이 책은 어떤 식으로 프로다운 모습을 보이고 다른 사람들을 대해야 할지 한 단계씩 알려준다. 진부하거나 글로만 가능한 내용이 아니라 할 수 있는 일을 어떻게 해야 할지 알려준다.

한 글자씩 실례를 든 경우도 있다.

어떤 때는 응대, 응대에 대한 응대, 명쾌한 해설뿐만 아니라, '그냥 당신을 무시'하려 할 때 어떻게 해야 하는지에 대한 조언도 있다.

저기 좀 봐, 조를 다시 만났네. 이번에는 다른 모습을 보여주자.

이런, 그 대기업에 다시 와버렸네. 조와 함께 대형 웹사이트 전환 프로젝트를 다시 한 번 해야 한다.

하지만 이번에는 조금 다른 상황을 상상해보자.

기술팀은 확답을 꺼리지 않고 확실한 약속을 한다. 추정하길 꺼려 다른 사람이 계획을 짜게 내버려둔 다음 나중에 투덜대지 않고, 기술팀 스스로를 조직하고 확실한 약속을 한다.

이제 모든 직원들이 정말로 힘을 합쳐 일하는 광경을 상상해보자. 프로그래머들이 운영상 문제에 가로막혀 전화를 걸면, 시스템 관리자들은 바로 문제 해결에 착수한다.

조는 14321번 업무를 독촉하려고 들를 필요가 없다. DBA는 웹 서핑 따위는 하지 않고 부지런히 일하고 있다. 기술팀의 일정 추정도 믿음직해 혹시 직원들이 프로젝트를 이메일 확인보다는 중요하지만 점심 메뉴보다는 하찮게 생각하지는 않을까 걱정하지 않아도 된다. 일정 조절을 위해 여러 기법을 동원했을 때 "노력은 해볼게요."라는 반응 대신 "그렇게 약속 드리겠습니다. 목표 달성에 도움이 될 만한 일이 있으면 주저 말고 시도해보세요."라는 반응을 받게 된다.

시간이 지나자, 조가 기술팀을 뭐랄까 프로로 생각한다는 느낌을 받는다. 조가 제대로 본 것이다.

우리 행동을 단순 기술자에서 프로로 바꾸는 방법은 무엇일까? 이 책의 나머지 부분에서 찾을 수 있다.

직업 경력의 새 단계에 한 발 내디딘 것을 환영한다. 분명 마음에 들 것이다.

– 매튜 휴저^{Matthew Heusser}
소프트웨어 프로세스 자연주의자

지은이 소개

로버트 마틴^{Robert C. Martin}**(밥 아저씨)**

1970년에 프로그래머로 일하기 시작했으며, 주식회사 오브젝트 멘토의 창립자이자 대표다. 오브젝트 멘토는 숙련되고 경험이 충분한 소프트웨어 개발자와 관리자들이 다른 회사를 도와 프로젝트를 완수하도록 도와주는 일을 전문으로 하고 있다. 프로세스 개선 자문, 객체지향 소프트웨어 설계 자문, 훈련, 기술 개발 서비스를 전 세계에 걸쳐 주요 회사에 제공한다.

다양한 잡지에 많은 글을 올렸으며 국제 컨퍼런스와 전시회에서 정기적으로 연설하고 있다.

또한 다음 책들을 쓰고 편집했다.

- 『Designing Object Oriented C++ Applications Using the Booch Method』
- 『Patterns Languages of Program Design 3』
- 『More C++ Gems』

- 『Extreme Programming in Practice』
- 『소프트웨어 개발의 지혜: 원칙, 디자인패턴, 실천방법』(야스미디어, 2004)
- 『UML 실전에서는 이것만 쓴다: Java 프로그래머를 위한』(인사이트, 2011)
- 『Clean Code 클린 코드: 애자일 소프트웨어 장인 정신』(인사이트, 2013)

소프트웨어 산업의 지도자로서 C++ 리포트의 편집장, 애자일 연합의 의장을 맡아 업계에 기여했다.

또한 엉클 밥 컨설팅^{Uncle Bob Consulting}의 창립자며, 아들 미카 마틴과 함께 클린 코더스^{Clean Coders}를 세웠다.

감사의 글

내 경력은 다른 이와 힘을 합치거나 계획을 꾸미는 일의 연속이었다. 개인적인 꿈과 열망이 있긴 했지만, 그걸 나누고 싶은 누군가를 항상 찾았던 것 같다. 그런 점에서 보면 시스[1]처럼 '언제나 두 사람이 있다.'는 느낌을 어렴풋이 가지고 있었다.

프로로 취급할 만한 최초의 협력을 함께 한 이는 13살 때 만난 존 마르케즈다. 존과 나는 함께 컴퓨터를 만들 계획을 꾸몄다. 나는 두뇌파였고 존은 근육파였다. 내가 어디에 전선을 납땜하는지 알려주면 존이 납땜을 했다. 중계기를 탑재할 곳을 알려주면 존이 탑재했다. 너무 재미있었던 나머지, 수많은 시간을 함께 보냈다. 사실, 우리가 만든 물건은 꽤나 그럴싸해 보였는데, 중계기, 버튼, 전구에 텔레타이프까지 사용했다! 물론, 제대로 동작하는 건 하나도 없었지만, 그것들은 매우 멋졌고, 우리는 정말 열심히 만들었다. 존, 고마워!

고등학교 1학년 때 독일어 수업에서 팀 콘래드를 만났다. 팀은 똑똑했다. 우리는 함께 컴퓨터를 만들 계획을 짰는데, 팀이 두뇌파였고 내가 근육파였다. 팀은 내게 전자공학을 가르쳤고 PDP-8이 뭔지도 알려줬다. 팀과 나는 실제로 동작하는 18비트 이진 계산기를 기본 부품을 사용해 만들었다. 덧셈, 뺄셈, 곱셈, 나눗셈이 가능했다. 이 계산기를 만드느라 1년 내내 주말과 봄방학, 여름방학, 크리스마스 휴가를 모두 쏟아부었다. 미친 듯이 노력했다. 결국, 계산기는 멋지게

---

1 시스(Sith)는 스타워즈에 나오는 제다이의 숙적으로, 둘의 규율(Rule of Two)을 따른다. 오직 한 명의 제자만 두고, 스승과 제자 둘만이 시스를 지배(rule)한다. - 옮긴이

동작했다. 팀, 고마워!

팀과 나는 컴퓨터를 어떻게 프로그래밍하는지 배웠다. 1968년 당시에는 만만찮은 일이었지만, 어떻게든 해냈다. 특히 PDP-8 어셈블러, 포트란, 코볼, PL/1 관련 책이라면 씹어 삼킬 지경이었다. 프로그램을 작성하긴 했지만 정작 실행은 불가능했다. 주변에 컴퓨터가 없었기 때문이다. 그래도 어찌됐건 순수한 애정으로 프로그램을 써나갔다.

2학년이 됐을 때, 학교에 컴퓨터 과학 과목이 개설됐다. 110보드[baud] 다이얼 업 모뎀으로 연결된 ASR-33 텔레타이프를 사용하게 됐다. 또한 일리노이 주립 대학에 있는 유니박[Univac] 1108 시분할 시스템에 접근할 수 있는 계정도 있었다. 눈 깜빡할 사이에 팀과 나는 실질적인 시스템 운영자가 됐다. 다른 사람은 시스템 근처에도 못 왔다.

모뎀을 연결하려면 전화 수화기를 들고 번호를 돌려야 했다. 모뎀 응답 신호음이 들리면 텔레타이프에서 'orig' 버튼을 눌러 모뎀이 고유의 신호음을 발생하도록 만들었다. 그런 다음 전화를 끊으면 데이터 연결이 완료됐다. 참고로 'orig'는 originate(유래하다)를 줄인 말이다.

전화기 번호판에는 자물쇠가 달려 있었다. 열쇠는 선생님들만 가지고 있었지만 상관없었다. 왜냐하면 스위치 훅을 눌렀다 뗐다 하는 방식으로 전화를 (어떤 전화기에서라도) 걸 수 있다는 사실을 알았기 때문이다. 나는 드럼을 치고 있었기 때문에 박자 감각이 꽤 좋았다. 자물쇠가 걸려 있어도 모뎀 전화번호를 돌리는 데는 10초도 안 걸렸다.

전산실에는 2대의 텔레타이프가 있었다. 하나는 온라인이었고 나머지 하나는 오프라인이었다. 학생들은 양쪽 다 사용해 프로그램을 작성했다. 텔레그래프에 장착된 천공 종이테이프에 프로그램을 기록했다. 어떤 키를 누르면 테이프에 구멍이 뚫리는 방식이었다. 프로그램 작성에는 매우 강력한 인터프리터 언어인 IITran을 사용했다. 작성이 끝나면 종이 테이프를 텔레타이프 옆에 있는 바구니에 담았다.

수업이 끝나면, 팀과 나는 컴퓨터로 전화를 걸고(물론 스위치 훅을 눌러서), IITran 배치 시스템에 테이프를 적재한 다음, 수화기를 내려놓았다. 초당 10문자의 속도였으므로 그리 빠르게 처리되지는 않았다. 한 시간 정도 지나면, 다시 전화를 걸어 출력 정보를 받았다. 이 또한 속도가 초당 10문자였다. 텔레타이프가 출력한 결과에는 학생들 간의 구분 표시가 없었다. 그저 다음, 또 다음 결과를 끝없이 출력했기 때문에, 출력물을 가위로 자른 다음 입력 종이테이프와 같이 클립으로 묶어 결과용 바구니에 담았다.

팀과 나는 이 일에 완전 도가 텄다. 우리가 전산실에 있을 때는 선생님들조차 가만히 내버려뒀다. 사실 우리는 선생님들이 해야 할 일을 대신하고 있었고, 선생님들도 그 사실을 알았다. 대신 해 달라고 부탁하진 않았다. 우리가 처리해도 된다는 말도 없었다. 전화기 자물쇠 열쇠를 주지도 않았다. 그저 우리가 슬그머니 들어가면 선생님들은 가만히 전산실을 나와 우리에게 충분한 시간을 줬을 뿐이다. 수학 담당이었던 맥더밋 선생님, 포겔 선생님, 로비엔 선생님, 감사합니다!

그렇게 학생들 숙제 처리가 끝나면 우리들의 놀이시간이었다. 우리는 프로그램을 만들고 또 만들었는데, 정신 나간 짓이나 괴상한 짓을 하는 프로그램도 많았다. 텔레타이프에서 ASCII 문자로 원이나 포물선을 출력하는 프로그램을 작성했다. 무작위random로 움직이거나 단어를 생성하는 프로그램들도 만들었다. 50 팩토리얼을 정확하게 계산하기도 했다. 수많은 시간을 쏟아 부어 프로그램을 생각해내고 작성하고 동작하도록 만들었다.

2년 후, 팀과 우리들의 친구인 리처드 로이드 그리고 나는 일리노이 레이크 블러프에 있는 ASC Tabulating 회사에 프로그래머로 취업했다. 당시 팀과 나는 18살이었다. 대학은 시간낭비며 당장 경력을 쌓아야겠다고 결정했다. 이 회사에서 빌 호리, 프랭크 라이더, 빅big 짐 칼린, 존 밀러를 만났다. 그들은 철부지들에게 프로다운 프로그래밍에 대한 모든 것을 배울 기회를 마련해줬다. 그 경험들이 모두 긍정적이지는 않았지만 모두 비관적이지도 않았다. 많은 것을 배운 점만은 확실하다. 모두에게 그리고 그 과정에서 밀어주고 촉매가 되어준 리처드에게 감사합니다.

회사를 그만두고 축 처져 있던 20살 때, 매형 밑에서 잔디 깎는 기계 수리공으로 잠시 일했었다. 일을 너무 못해서 매형은 날 해고할 수밖에 없었다. 고마워, 웨스!

약 1년 후에는 아웃보드 마린 주식회사에서 일하게 됐다. 이즈음 나는 결혼해서 아이를 낳기 직전이었다. 여기도 날 해고했다. 고마워, 존, 랄프, 톰!

그 후 테러다인에 입사해서 러스 애시다운, 켄 핀더, 밥 코피호른, 척 스투디, CK 스리스란(현재는 크리스 아이어)을 만났다. 켄은 상사였고 척과 CK는 동료였다. 그들에게서 너무 많은 것을 배웠다. 고마워, 친구들!

마이크 캐루도 있었다. 마이크와 나는 테러다인에서 환상의 복식조였다. 우리는 함께 여러 시스템을 작성했다. 무슨 일이든 끝내고 싶다면, 더구나 빠른 시간에 끝내고 싶다면, 밥과 마이크를 찾아야 했다. 둘이서 수많은 시간을 즐겁게 보냈다. 고마워, 마이크!

제리 피츠패트릭 또한 테러다인에서 일했다. 〈던전 앤 드래곤〉 게임을 하면서 만난 사이였지만, 업무에서도 순식간에 의기투합했다. 우리는 코모도어 64를 사용해 〈던전 앤 드래곤〉 사용자들을 위한 프로그램을 작성했다. 또한 테러다인에서 '전자 안내원'이라 부르는 새 프로젝트도 시작했다. 몇 년간 같이 일하면서 친구가 됐고 지금도 여전히 좋은 친구다. 고마워, 제리!

테러다인을 다니며 영국에서 몇 년간 일하기도 했다. 거기서 마이크 커고주와 팀을 이뤘다. 마이크와 나는 상상할 수 있는 모든 일을 꾸몄는데, 대부분은 자전거와 맥주에 관한 일이었다. 하지만 마이크는 열심히 일하며 품질과 규율에 심혈을 기울이는 프로그래머였다(정작 본인은 동의하지 않을지도 모르겠다). 고마워, 마이크!

1987년 영국에서 돌아와선 짐 뉴커크와 어울리기 시작했다. 우리는 테러다인을 떠나(몇 달 간격으로) 클리어 커뮤니케이션이라는 신생 기업에 참여했다. 몇 년간 함께 애쓰며 큰 돈을 벌어보려 했지만 결국 이루지 못했다. 하지만 우리는 멈추지 않았다. 고마워, 짐!

결국 우리는 오브젝트 멘터를 설립했다. 짐은 내가 같이 일하게 되어 영광인 사람들 중에서도 가장 올곧고, 규율을 따르며, 집중하는 사람이다. 짐은 내게 일일이 열거할 수 없을 만큼 수많은 것을 가르쳐줬다. 보답으로 이 책을 짐에게 바친다.

이 외에도 나와 함께 일을 꾸미고, 힘을 합쳐 일하고, 프로다운 삶에 영향을 준 사람들이 수없이 많다. 로웰 린드스톰, 데이브 토마스, 마이클 페더스, 밥 코스, 브렛 슈쳐트, 딘 웸플러, 파스칼 로이, 제프 랭어, 제임스 그레닝, 브라이언 버튼, 앨런 프랜시스, 마이크 힐, 에릭 메디, 론 제프리스, 켄트 벡, 마틴 파울러, 그래디 부치 그리고 끝없이 많은 사람들이 있다. 고맙습니다, 모두들.

물론 내 인생에 가장 큰 협력자는 사랑하는 부인, 앤 매리다. 내가 20살 때 결혼했는데, 결혼하고 3일 후 앤은 18살이 됐다. 앤은 38년간 꾸준히 옆을 지켜준 동료, 항해의 방향타, 내 사랑이자 나의 삶이다. 앞으로 다시 한 번 40년을 함께 보내길 바란다.

그리고 현재, 협력자이자 동료로서 함께 일을 꾸미는 이들은 나의 자녀들이다. 나와 긴밀하게 일하고 있는 큰 딸 앤젤라는 사랑스런 어미 닭이자 용맹한 보좌관이다. 앤젤라는 내가 정직하고 올바르도록 지켜주며 일정과 약속을 절대 어기지 않도록 도와준다. 8thlight.com을 만든 아들 미카와는 사업 계획을 꾸렸다. 미카의 사업 재능은 내가 절대 넘볼 수 없을 정도다. 우리들의 최근 모험인 cleancoders.com은 너무 흥미진진하다!

작은 아들 저스틴은 8th Light에서 미카와 함께 일하기 시작했다. 작은 딸 지나는 허니웰에서 화학 공학자로 일하고 있다. 얼마 전 이 둘과 함께 진지한 계획을 세우기 시작했다!

누구라도 자녀들만큼 가르침을 줄 수는 없다. 고마워, 아들딸!

표지에 대해

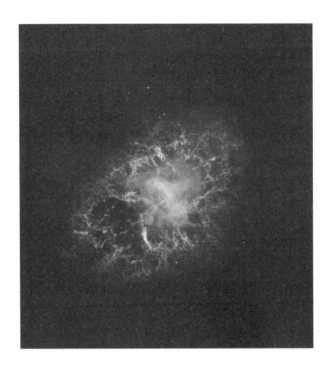

영화 〈〈반지의 제왕〉〉에서 본 사우론의 눈이 떠오르는 너무나 멋진 표지 사진은 게 성운 M1을 찍은 사진이다. M1은 황소자리의 황소 뿔 끝부분에 있는 별인 황소자리 제타에서 오른쪽으로 1도 정도 되는 곳에 위치한다. 게 성운은 초신성이 폭발해 내부가 우주 전체로 퍼지고 남은 잔해다. 그 초신성은 미국 독립기념일과 월일이 같은 1054년 7월 4일에 폭발했다. 폭발은 6500광년이나 떨어진 중국에서도 관찰됐는데, 중국인들은 새로운 별이라 여겼으며 목성 정도의 밝기로 하루 종일 보였다고 한다! 그 후 6개월에 걸쳐 서서히 희미

해져 육안으로는 볼 수 없게 됐다.

표지 사진은 가시광선과 x-ray를 합성했다. 가시광선 부분은 허블 망원경에서 찍었으며, 게 성운의 바깥을 둘러싼 부분이다. 푸른색 과녁처럼 보이는 내부는 챈드라 x-ray 망원경에서 찍었다.

사진을 보면 먼지 구름과 기체가 초신성 폭발로 생긴 무거운 잔해들과 함께 넓게 퍼져나가는 모습이 보인다. 먼지 구름의 지름은 11광년, 질량은 태양의 4.5배이며 초당 1500km라는 무시무시한 속도로 팽창하고 있다. 오래 전 일어난 이 폭발의 운동에너지는 두말할 나위 없이 너무 엄청나다.

한가운데에 푸른색의 밝은 점이 보인다. 그 점에 펄서pulsar가 있다. 애초에 별이 폭발한 이유는 펄서가 생겼기 때문이다. 질량이 태양 정도 되는 물질이 중심에 생기자 별은 내부로 폭발해 지름 30km의 중성자 구체가 되면서 끝장이 나버렸다. 폭발로 인한 운동에너지와 더불어 중성자들이 형성될 때 만들어진 중성미자들이 어마어마한 융단폭격으로 별을 찢어발겼고, 별은 완전히 폭파되어 사라졌다.

펄서는 초당 30회 회전하는데, 회전할 때마다 깜빡인다. 망원경으로도 깜빡임을 볼 수 있다. 그 빛의 맥동pulse 때문에 맥동하는 별Pulsating Star, 줄여서 펄서pulsar라 부른다.

옮긴이 소개

정희종 (cynicjj@gmail.com)

행복하고 싶은 개발자다. win32 프로그래밍으로 입문해
.net을 거쳐 자바로 넘어왔다. 현재는 스프링^{spring} 프레임워
크를 주로 사용한다.

이 책을 번역하면서 가장 마음에 와 닿았던 부분은 10장에서 밥 아저씨가 울었다는 고백입니다. 당시 26살이었던 밥 아저씨는 한 달로 추정한 기한을 못 지키고 무려 세 달이 지나서야 업무를 완료하게 됐고, 크게 상심한 밥 아저씨는 술에 취해 직장 상사를 붙잡고 울게 됩니다.

이 이야기가 가장 기억에 남는 이유는 저도 추정에 실패하고 일정을 못 지키는 일이 많았기 때문입니다. 10년 넘게 개발자로 일하면서 제일 힘들었던 부분이 추정이었습니다. 밥 아저씨조차 이런 경험을 했다니 조금이나마 위로가 되더군요. 저는 눈물을 흘리는 대신 머리카락이 빠졌습니다.

또한 '이건 정말 못 하겠는데…'라는 생각이 든 부분도 있었습니다. 2장에 나온 마이크와 폴라의 대화가 그 부분입니다. 억지를 부리며 일정을 줄여보라는 마이크에게 끝까지 안 된다고 말하는 폴라가 인상적이었습니다.

이 책을 보고 여러 고민이 사라졌냐면 그건 아닙니다. 이 책은 은총알이 아닙니다. 경험이 녹아 있는 유용한 방법을 알려주지만 연습이 필요하겠죠. 수많은 시행착오를 거치며 수련해야 합니다. 행복한 프로 개발자가 많아졌으면 좋겠습니다. 아울러, 이 지면을 빌어 8장을 도와주신 김연기 님께 감사의 말씀 전합니다.

많은 분들을 기다리게 만들었습니다. 마침내 번역이 끝난 소감을 짧은 시로 표현하며 마무리하겠습니다.

덧 없이 가련하오.
지난 세 번의 여름이여.

차례

들어가며

미 동부 표준시간 1986년 1월 28일 오전 11:39, 발사된 지 73.124초 후 고도 약 14630m에서 우주 왕복선 챌린저가 오른쪽 고체 로켓 부스터[SRB]의 결함으로 산산조각났다. 고등학교 선생님이었던 크리스타 매콜리프를 포함한 7명의 용감한 우주비행사가 사망했다. 15km 높이에서 딸이 사망하는 모습을 본 매콜리프 어머니의 표정이 아직도 지워지지 않는다.

챌린저가 파괴된 이유는 고체 로켓 부스터[SRB] 결함 때문에 외피 부품들 사이로 새어 나온 뜨거운 배기가스가 외부 연료 탱크를 가로질러 뿜어 나왔기 때문이다. 액체 수소 탱크의 아래쪽이 폭발하면서 연료에 불이 붙음과 동시에 액체 수소 탱크가 위쪽으로 밀려 올라가 위에 있던 액체 산소 탱크에 강하게 부딪혔다.

동시에 SRB가 꼬리 쪽 버팀목에서 떨어져 나와 머리 쪽 버팀목 주위로 회전하면서 SRB의 앞부분이 액체 산소 탱크에 구멍을 냈다. 이런 비정상적인 힘들로 인해 최소 음속의 1.5배를 넘는 속도로 움직이고 있던 우주 왕복선이 기류에 어긋나 회전했다. 그러자 기체 역학적인 힘들이 순식간에 모든 것을 조각내 버렸다.

SRB의 원형 부품 사이에는 합성 고무로 만든 원형 O링이 2개 있었다. O링은 부품들이 조립됐을 때 강하게 수축하며 압력을 가해 배기가스가 새어 나오지 못하도록 단단히 막았다.

하지만 발사 전날 밤은 기온이 영하 8도까지 떨어졌는데, 이 온도는 O링의 최소 한계온도보다 12도 낮았으며, 기존 발사들에 비해서는 18도나 낮은 온도였다. 그 결과 O링이 얼어붙어 딱딱해진 나머지 탄력을 잃어 배기가스가 새어 나오는 것을 막지 못했다. SRB 점화 당시 뜨거운 기체가 빠른 속도로 축적되면서 주기적으로 강한 압력이 발생했다. 추진 로켓 부품들은 바깥으로 부풀어 올라 O링의 수축 압력을 느슨하게 만들었다. 딱딱해진 O링은 배기가스가 새는 것을 막지 못했고, 새어 나온 뜨거운 배기가스가 O링의 1/5을 증발시켜 버렸다.

SRB를 설계한 모든 시오콜 사의 기술자들은 7년 전부터 O링에 문제가 있다는 사실을 알고 회사와 나사의 관리자들에게 문제를 제기해왔다. 사실 이전 발사에서도 O링은 비슷한 식으로 피해를 입었다. 다만, 비극이 발생할 정도의 피해가 아니었을 뿐이다. 발사일 날씨 중 가장 추웠던 날씨는 지금까지 겪은 어떤 피해보다 큰 피해를 불러 일으켰다. 기술자들은 O링 문제를 해결해 설계까지 마쳤으나, 해결책의 구현은 오랜 기간 뒤로 미뤄졌다.

기술자들은 추위에 O링이 딱딱하게 되지 않을까 염려했다. 또한 챌린저를 발사할 때의 날씨가 다른 발사 때보다 추워, 한계선을 넘고도 남는다는 사실도 알았다. 한마디로 기술자들은 위험이 너무 크다는 사실을 알고 있었다. 기술자들은 그에 따라 행동했다. 커다란 붉은 깃발을 휘두르며 위험을 알렸다. 모든 시오콜 사와 나사의 관리자들에게 발사를 중지해야 한다고 강력히 주장했다. 발사 몇 시간 전에 열린 11시간에 걸친 회의에서 기술자들은 최선을 다해 자료를 발표

했다. 화를 내기도 하고 구슬리기도 하고 강하게 항의하기도 했다. 하지만 결국 관리자들은 기술자들을 무시했다.

발사를 시작할 때 몇몇 기술자들은 방송 보기를 거부했다. 발사대에서 폭발할까봐 겁이 나서였다. 하지만 챌린저가 우아하게 하늘로 날아오르자 안심하기 시작했다. 폭발 바로 직전 기체가 음속을 돌파했을 때 기술자 중 한 명은 가까스로 죽을 고비는 넘겼다고 중얼거렸다.

기술자들의 수많은 항의, 메모와 강요에도 불구하고 관리자들은 자신들이 상황을 더 잘 안다고 생각했다. 관리자들은 기술자들이 과잉 반응한다고 여겼다. 기술자들의 자료와 결론을 신뢰하지 않았다. 재정적, 정치적 압박에 굴복해 발사를 진행하고 말았다. 그저 모든 게 잘 돌아가길 소망했던 것이다.

관리자들을 그냥 멍청하다 말하고 넘어갈 수 없다. 그들은 범죄자다. 선량한 7명의 목숨과 우주여행을 향한 사람들의 희망을 차가운 날씨 속에 내동댕이쳤다. 함께 일하는 전문가들의 말보다 자신들의 두려움, 희망, 직감을 더 믿었기 때문이다. 그러한 결정을 낼 권리가 없음에도 불구하고 결정을 내버렸다. 실제로 상황을 알고 있던 사람들, 즉 기술자들의 권위를 박탈한 것이다.

그런데 기술자들은 어떤가? 분명 기술자들은 해야 할 일을 했다. 관리자들에게 정보를 알리고 자신의 입장을 지키며 강하게 싸웠다. 적절한 경로를 통해 규정에 따라 모든 권한을 동원했다. 체계 내에서 할 수 있는 일을 했지만, 관리자들은 여전히 기술자들을 무시했다. 이런 점을 고려하면 기술자들을 탓하기는 힘들어 보인다.

하지만 가끔 궁금해지곤 한다. 그 기술자들 중 한밤중에 잠에서 깨어나, 크리스타 매콜리프 어머니의 표정을 잊지 못해, 탐사 전문 기자 댄 래더 같은 사람이라도 불렀으면 어땠을까라고 생각하는 사람이 한 명이라도 있을까?

이 책에서 다루는 내용

이 책은 프로 소프트웨어 개발자의 마음가짐, 즉 소프트웨어 프로페셔널리즘에 관한 책이다. 이 책에는 아래 질문에 대한 여러 가지 실용적인 충고가 담겨 있다.

- 소프트웨어 프로란 무엇인가?

- 프로는 어떻게 행동해야 하는가?

- 프로는 어떻게 사람들 사이의 대립, 빡빡한 일정, 불합리한 관리자를 감당해 내는가?

- 프로는 언제, 어떻게 '아니요'라고 말해야 하는가?

- 프로는 어떻게 주위의 압박을 처리하는가?

이 책에 나오는 충고를 따르다 보면 힘든 상황도 돌파할 수 있는 마음가짐을 배우게 된다. 정직, 명예, 자기존중, 긍지가 바로 그 마음가짐이다. 이는 기술 장인이 되겠다는 막중한 책임을 기꺼이 짊어지겠다는 의지다. 그 책임은 일을 훌륭히 그리고 깔끔히 완수해야 한다는 책임이다. 원활히 의사소통하고 추정을 할 때 신뢰감을 줘야 한다는 책임이다. 시간을 잘 관리하고 위험 보상risk-reward에 대한 힘든 결정을 감내하겠다는 책임이다.

하지만 책임지는 일은 무서운 일이다. 기술자라면 시스템과 프로젝트에 대해 관리자는 알기 힘든 깊은 지식을 알아야 한다. 그 지식을 가지고 행동으로 옮겨야 할 책임이 있다.

참고자료

Malcolm McConnell, 『Challenger 'A Major Malfunction'』(Simon & Schuster, 1987)

'Space Shuttle Challenger disaster', http://en.wikipedia.org/wiki/Space_Shuttle_Challenger_disaster

독자 의견과 정오표

한국어판에 관한 질문은 이 책의 옮긴이나 에이콘출판사 편집 팀(editor@ acornpub.co.kr)으로 문의해주기 바란다. 정오표는 에이콘출판사의 도서정보 페이지 http://www.acornpub.co.kr/book/clean-coder에서 관련 내용을 찾아볼 수 있다.

미리 읽어두기

(안 읽고 넘어가지 마세요. 나중에 필요합니다.)

이 책을 집은 이유는 독자가 컴퓨터 프로그래머이며 프로라는 개념에 흥미를 느끼기 때문이라고 가정하겠다. 프로그래머라면 당연히 그래야 한다. 프로의 마음가짐, 즉 프로페셔널리즘이란 우리 직종에 필수불가결한 요소다.

나 또한 프로그래머다. 42년차[1] 프로그래머이며, 말하자면 그 세월 동안 산전수전 다 겪었다. 해고 당한 적도 있는 반면, 대단하다고 칭송을 받은 적도 있으며,

---

1 무서워 마라.

팀장, 관리자, 단순 작업 일꾼뿐만 아니라 CEO를 해본 적도 있다. 뛰어난 프로그래머들과도 일해본 적도 있고, 굼벵이[2]들과 일해본 적도 있다. 최첨단 기술의 임베디드 소프트웨어/하드웨어 시스템을 처리해봤고, 대기업 급여 시스템도 만들어봤다. 코볼COBOL, 포트란FORTRAN, BAL, PDP-8, PDP-11, C, C++, 자바, 루비Ruby, 스몰토크Smalltalk 외에도 수많은 언어와 시스템을 경험했다. 쓸모없는 월급 도둑들과 일한 적도 있고, 기가 막힌 프로들과 일한 적도 있다. 그 사람들이야말로 이 책의 제목인 '클린 코더'로 부를 수 있는 궁극의 유형이다.

이 책에서 프로 프로그래머에 대한 정의를 내리고자 한다. 나는 태도attitude, 원칙discipline, 행동action이 프로의 핵심이라 생각한다.

태도, 원칙, 행동이 핵심이란 사실을 어떻게 알게 됐을까? 나는 이 사실을 고생해가며 배웠다. 당연하지만, 내가 처음으로 프로그래머로 취업했을 때는 프로와는 아주 거리가 먼 상태였다.

1969년, 나는 17살이었다. 아버지가 근처 ASC라는 회사에 마구 억지를 부려, 임시직 시간제 프로그래머로 취업하게 했다(그렇다. 우리 아버지는 그런 사람이다. 한 번은 과속으로 달리던 차 앞에 떡하고 서더니 손바닥을 뻗으며 "멈춰!"라고 소리지른 적이 있다. 물론 차는 멈췄다. 누구도 아버지에게 '안 된다'라고 못한다). 나는 IBM 컴퓨터 매뉴얼이 가득 찬 방에서, 수년간에 걸친 개정사항을 매뉴얼에 반영하는 일을 맡았다. "이 페이지는 의도적으로 빈 페이지로 남겨졌습니다."라는 문구도 그때 알게 됐다.

며칠간 매뉴얼 개정 작업을 하고 있었는데, 과장님이 나를 불러 간단한 이지코더[3] 프로그램을 작성해 달라고 부탁했다. 나는 부탁을 받자 흥분했다. 실제 컴퓨터로 프로그램을 작성해보기는 처음이었다. 하지만 오토 코더 관련 책을 열심히 읽었기 때문에 어떻게 시작해야 할지 막연하게나마 알고 있었다.

---

2 출처는 알 수 없지만 전문기술용어임을 알아두자.
3 이지코더란 허니웰 H200 컴퓨터용 어셈블러로, IBM 1401용 오토코더와 비슷하다.

프로그램은 테이프에서 각 레코드를 읽어 기존 ID를 새 ID로 바꾸는 단순한 프로그램이었다. 새 ID는 1부터 시작해서 레코드마다 1씩 증가했다. 새 ID를 부여한 레코드는 새 테이프에 기록했다.

과장님은 빨간색과 파란색 펀치카드가 수북이 쌓인 선반으로 나를 데려갔다. 25개의 빨간색 카드 뭉치와 25개의 파란색 카드 뭉치로 이루어진 카드 50뭉치를 샀다고 상상해보자. 그런 다음 각 뭉치를 다른 뭉치 위에 하나씩 번갈아 올려놓아보자. 선반의 카드 뭉치들이 딱 그렇게 생겼다. 쌓아 올린 카드 뭉치들은 빨간색과 파란색 줄무늬를 만들었고, 각 줄무늬당 카드 수는 약 200장이었다. 줄무늬에는 프로그래머들이 자주 사용하는 서브루틴 라이브러리 소스코드가 있었다. 프로그래머들은 그냥 가장 위에 놓인 카드 뭉치를 꺼내, 빨간색이나 파란색 외의 다른 카드가 섞이지 않았는지 확인한 다음, 자신이 작성 중인 프로그램의 마지막에 놓았다.

나는 코딩 양식지에 프로그램을 작성했다. 코딩 양식지란 25행 80열로 나뉜 커다랗고 네모난 종이를 말한다. 각 행은 하나의 카드를 의미한다. 코딩 양식지에 프로그램을 짤 때는 인쇄 활자체 대문자로 써야 하며 연필을 2번 사용한다. 각 행의 마지막 6열에는 일련번호를 적는데 역시 연필로 2번 써야 한다. 일련번호는 보통 10단위로 증가시키기 때문에 나중에 카드를 끼워 넣을 수 있다.

코딩 양식지는 천공기사에게 전달된다. 회사에선 수십 명의 여성들이 커다란 서류 접수함에서 코딩 양식지를 꺼내, 키 펀치 기계로 '타이핑'해 넣었다. 이 기계는 타자기와 매우 비슷한데, 차이점이라면 종이에 글자를 찍는 게 아니라 카드에 구멍에 뚫었다.

다음 날 천공기사로부터 내가 짠 프로그램이 사내 우편으로 도착했다. 소량의 천공카드 뭉치는 내가 작성한 코딩 양식지와 함께 고무줄로 묶여 있었다. 천공 에러가 없는지 카드를 살펴봤다. 에러가 없다. 나는 서브루틴 라이브러리 뭉치를 내 프로그램 뭉치 끝에 추가해, 윗층 컴퓨터 운영기사에게 가져갔다.

컴퓨터가 있는 전산실은 평상시에는 문이 잠겨 있고, 온도와 습도가 조절되며, 전선들이 지나가도록 바닥을 올림 처리했다. 문을 두드리면 운영기사가 아무 말 없이 카드 뭉치를 받아 전산실에 있는 서류 접수함에 집어 넣었다. 차례가 돌아오면 카드 뭉치를 실행했다.

다음 날 카드 뭉치를 돌려받았다. 뭉치에는 실행 결과가 고무줄로 묶여 있었다 (당시에는 고무줄을 꽤나 많이 사용했다!).

실행 결과를 보고 컴파일 에러가 났음을 알게 됐다. 에러 메시지는 너무 어려워서 무슨 소린지 몰라, 과장님에게 물어봤다. 과장님은 슬쩍 훑어보더니, 한숨 쉬듯 중얼거리며, 결과에 뭔가를 재빨리 적더니, 카드 뭉치를 들고 따라오라고 했다.

과장님은 나를 천공실로 데려간 후 빈 천공기계에 앉았다. 하나씩 카드에 있는 에러를 고치고, 한두 장 카드를 더 집어넣었다. 뭘 하고 있는지 설명을 해주었지만, 눈 깜빡할 사이에 지나가버렸다.

과장님은 새로 만든 뭉치를 전산실로 가지고 올라가서 문을 두드렸다. 무슨 마법 같은 말을 했는지 몰라도 운영기사는 과장님을 전산실로 들여보내줬다. 과장님은 따라오라고 손짓을 했다. 우리는 운영기사가 테이프 드라이브를 준비하고 카드 뭉치를 적재하는 모습을 지켜봤다. 테이프가 돌아가고, 프린터가 윙윙거리더니, 잠시 후 실행이 종료됐다. 프로그램이 제대로 동작한 것이다.

다음 날 과장님은 여태까지 도와줘서 고맙다고 한 후, 입사 계약을 종료했다. ASC는 17살짜리를 키우는 데 시간을 들이고 싶지 않은 게 확실했다.

하지만 ASC와의 관계는 아직 끝나지 않았다. 몇 달 후 ASC에 다시 입사해 2교대로 오프라인 프린터를 운영했다. 이 프린터들은 테이프에 저장된 인쇄 이미지에 있는 스팸 메일을 출력했다. 나는 프린터에 용지를 보충하고, 테이프 드라이브에 테이프를 적재하고, 종이 걸림을 고치고, 이도 저도 아니면 그냥 프린터를 지켜보는 일을 맡았다.

때는 1970년이었다. 대학은 갈 상황이 아니었고, 가고 싶지도 않았다. 베트남 전쟁이 계속되고 있었고, 캠퍼스는 혼돈에 가득 차 있었다. 나는 코볼, 포트란, PL/1, PDP-8, IBM 360 어셈블러에 관한 책을 끊임없이 흡수했다. 학교는 건너뛰고 프로그래밍을 직업으로 가지는 데 온 힘을 다 쏟고 싶었다.

12달 후 ASC에서 전업 프로그래머로 승진해 목표를 달성했다. 나는 19살 동갑인 두 친구 리차드, 팀과 함께 또 다른 세 명의 프로그래머가 있는 팀에 들어가, 운송노동조합의 실시간 회계 프로그램을 작성했다. 장비는 Varian 620i였다. 이 장비는 단순한 미니 컴퓨터로 PDP-8과 구조가 비슷했다. 단, 워드^{word} 크기가 16비트였고 레지스터가 2개였다. 사용 언어는 어셈블러였다.

우리는 처음부터 끝까지 한 줄씩 시스템을 만들었다. 글자 그대로 처음부터 끝까지 말이다. 운영체제, 인터럽트 헤드, IO 드라이버, 디스크 파일 시스템, 오버레이 교환기뿐만 아니라 재할당 가능한 링커까지 만들었다. 당연히 애플리케이션 코드는 말할 나위도 없다. 이 모든 것을 8달에 걸쳐 한 주에 70, 80시간씩 일해서 마감일을 맞췄다. 연봉은 $7,200(약 750만원)였다.

우리는 시스템을 출시하자마자, 직장을 그만 뒀다.

아주 기분이 상해서, 그냥 때려친 것이다. 그렇게 고생해서 잘 돌아가는 시스템을 출시했는데도, 회사는 연봉을 겨우 2% 올려줬다. 사기당하고 착취당한 느낌이었다. 몇몇은 다른 직장을 구해 조용히 퇴사했다.

하지만 나는 매우 유감스럽게도 다른 방식을 택했다. 친구들과 함께 부장님 사무실로 쳐들어가 때려치겠다고 소리쳤다. 적어도 하루 동안은 무척 흡족한 기분이었다.

다음 날이 되자 백수 건달이 됐다는 생각이 나를 괴롭혔다. 19살에 직업도 없고 졸업장도 없었다. 프로그래머를 뽑는 자리에 몇 번 면접을 보러 갔지만, 잘 풀리지 않았다. 그래서 매형이 운영하는 잔디 깎기 기계 수리 회사에서 4달간 일했다. 안타깝게도 나는 느려터진 수리기사였다. 결국 매형은 나를 내보내야 했다.

처참했다.

새벽 3시까지 자지도 않고 피자를 먹으며 부모님이 가진 낡고 토끼 귀처럼 생긴 안테나를 가진 흑백 TV로 오래된 괴수영화를 봤다. 영화에 나오는 것이라곤 몇몇 괴물들이 전부였다. 우울한 하루를 맞이하기 싫어 오후 1시가 되도 침대에서 나오지 않았다. 근처 커뮤니티 컬리지에서 미적분학 강의를 들었는데 낙제했다. 만신창이 폐인이 됐다.

어머니가 나를 한 켠으로 데려가시더니 사는 꼴이 엉망이라고, 바보처럼 새 직장을 구하지도 않고, 감정적으로, 친구 따라 회사를 그만뒀다고 꾸중하셨다. 직장을 그만 둘 때는 새 직장을 구하고, 침착하고 냉정하게, 혼자서 하라고 말해주셨다. 부장님에게 전화를 걸어 이전 회사에 다시 들어가라고 하시며, "너는 잘못을 인정하고 쓴 맛을 감수해야 해."라고 말씀하셨다.

19살 남자 아이는 보통 쓴 맛을 감수하는 법이 없다. 나도 그랬다. 하지만 주변 상황이 내 자존심을 약하게 만들었다. 결국 나는 부장님에게 전화를 걸어 쓴 맛을 듬뿍 맛보게 됐고, 효과가 있었다. 부장님은 기꺼이 나를 연봉 $6,800(약 700만원)에 다시 고용했고, 나도 기꺼이 받아들였다.

거기서 다시 18개월간 일하면서, 말투와 행동에 조심하고 가치 있는 직원이 되도록 최선을 다했다. 보상으로 승진과 연봉 인상 그리고 꼬박꼬박 월급을 받았다. 괜찮은 삶이었다. 회사를 떠날 때는 더 좋은 계약조건과 더 나은 직장을 제안받고 떠났다.

이쯤에서 프로가 되는 교훈을 얻었다고 생각할지 모르지만, 전혀 아니다. 이 교훈은 내가 배워야 할 수많은 교훈 가운데 첫 번째일 뿐이었다. 다음 해에는 부주의한 실수로 중요한 일자를 놓쳐 해고를 당하기도 하고, 의도한 바는 아니지만 기밀 정보를 고객에게 누설하는 바람에 거의 해고당할 뻔한 일도 있었다. 파멸로 치닫는 프로젝트를 이끌며, 도움이 필요하단 사실을 알면서도 도움을 요청하지 않아 프로젝트를 바닥으로 추락시키기도 했다. 고객의 요구에 정면으로 위반되는 데도 불구하고, 내가 내린 기술적 의사결정을 격렬하게 고집하기도 했다. 형편없는 사람을 고용해 회사에 큰 손해를 끼치기도 했다. 최악으로는 내 무능력한 리더십 때문에 2명이 해고되기도 했다.

따라서 이 책을 내가 잘못한 일의 목록, 내가 저지른 범죄의 사건일지, 내가 초년생 때 했던 실수를 독자들이 피할 수 있도록 만들어주는 안내서로 생각하자.

1장
프로의 마음가짐

"그냥 웃어. 커틴 이 친구야. 신이 대단한 장난을 친 거야. 아니면 운명이거나 자연의 섭리인 거지. 뭐든 좋을 대로 생각해. 하지만 누가 됐든 뭐가 됐든 유머 감각은 있구먼! 하하"

– 하워드[Howard], 〈시에라 마드레의 황금〉

프로페셔널 소프트웨어 개발자가 되고 싶은가? 머리를 꼿꼿이 세우고 세상을 향해 "나는 프로다."라고 외치며, 사람들에게 존경과 경의를 받고 싶을 것이다. 또한 엄마들 사이에서 자녀가 닮아가길 바라는 본보기로 손꼽히길 바랄 것이다. 그렇지 않은가?

함부로 바라지 마라

프로의 마음가짐, 즉 프로페셔널리즘Professionalism이란 용어에는 숨은 뜻이 있다. 당연히 명예와 긍지의 상징이기도 하지만, 동시에 책임과 의무를 나타내기도 한다. 물론 두 가지는 뗄래야 뗄 수 없다. 책임지지도 못할 일에서 명예와 긍지를 얻을 수는 없다.

프로가 아니라면 세상 살기가 훨씬 쉬워진다. 프로가 아니면 하는 일에 책임을 느낄 필요가 없으며 회사에 고스란히 책임을 떠넘겨도 된다. 프로가 아닌 사람이 잘못을 저지르면 회사가 뒤치다꺼리를 한다. 하지만 프로가 실수하면, 스스로 뒷감당을 해야 한다.

실수로 오류를 만들어 회사에 천만 원의 손해를 입혔다고 가정해보자. 프로가 아니라면 "그럴 수도 있지"라고 어깨를 한 번 으쓱하고 나서 아무 거리낌없이 다음 모듈 작업을 진행한다. 반면 프로라면 회사에 천만 원 손해 배상을 한다.[1]

자신의 돈이라면 좀 다르게 느껴지지 않는가? 하지만 프로라면 항상 그렇게 느껴야 한다. 사실 그런 느낌이야 말로 프로페셔널리즘의 핵심이다. 앞으로 보겠지만 프로페셔널리즘은 책임이 전부라 해도 과언이 아니다.

책임감을 가져라

'미리 읽어두기'를 아직 안 읽었다면 당장 돌아가서 읽어보자. 책에서 말하고자

---

1 업무상 과실 손해 보상 보험을 좋은 것으로 잘 들어놨기를 바란다!

하는 모든 내용이 적혀 있다.

나는 책임을 지지 않았을 때 생기는 고통을 몸소 겪으며 '책임진다'는 말의 의미를 배웠다.

1979년 당시 나는 테러다인^{Teradyne}이란 회사에서 전화선 감시 시스템 소프트웨어 '담당 책임자'로 일했다. 이 소프트웨어는 미니 컴퓨터[2]와 마이크로 컴퓨터로 만든 시스템을 제어해 전화선 품질을 측정했으며, 중앙 미니 컴퓨터는 300 보드^{baud} 전용선이나 전화선 다이얼 업 모뎀을 통해 십여 대의 위성 마이크로 컴퓨터와 연결됐다. 위성 마이크로 컴퓨터는 전화선 품질 측정 하드웨어를 제어했고, 코드는 모두 어셈블러로 작성했다.

우리 고객은 대형 전화회사의 서비스 매니저였으며, 각 매니저는 10만 회선 이상의 전화선을 책임졌다. 지역 서비스 매니저는 우리 시스템을 통해, 전화선에 생긴 문제를 고객이 알아채기 전에 찾아내 고쳤다. 덕분에 우리 고객들이 근무하는 전화회사는 공공 설비 위원회가 전화요금을 책정할 때 평가 요소로 사용하는 값인 고객 불편 신고율을 낮출 수 있었다. 한마디로 이 시스템은 엄청나게 중요했다.

매일 밤 시스템은 중앙 미니 컴퓨터가 각 위성 마이크로 컴퓨터에게 제어 중인 모든 전화선을 테스트하라고 명령을 내리는 '야간 작업'을 수행했다. 그리고 매일 아침 중앙 컴퓨터는 장애 특징과 함께 결함이 있는 전화선의 목록을 출력했다. 지역 서비스 매니저는 이 보고서를 보고, 고객이 알아채기 전에 수리 담당자가 전화선을 고칠 수 있도록 일정을 짰다.

어느 날 새 버전을 수십 명의 고객에게 선적^{shiping}했다. '선적'이란 말 그대로였다. 테이프에 소프트웨어를 저장해서 배로 실어 보냈다. 고객은 그 테이프를 적재한 후 시스템을 재시작했다.

새 버전에서는 사소한 문제 몇 개를 수정하고 고객이 요구한 새 기능을 추가했

---

2 미니 컴퓨터는 메인프레임보다는 작다는 의미로, 요즘 기준으로는 굉장히 크다. – 옮긴이

다. 우리는 고객에게 새 기능을 특정 날짜에 제공하겠다고 이미 공지했었다. 나는 그 전날 밤에야 간신히 테이프를 선적했고, 고객은 약속된 날짜에 테이프를 받았다.

이틀 후 현장 사업 관리자인 톰이 전화를 했다. 톰은 몇몇 고객이 '야간 작업'이 완료되지 않았고, 그 때문에 보고서가 출력이 안 된다는 불만을 신고했다고 알려줬다. 가슴이 덜컥 내려앉았다. 소프트웨어를 제때 선적하려고 야간 작업 테스트를 빼먹었기 때문이었다. 시스템의 다른 기능은 충분히 테스트했지만, 야간 작업은 시간이 너무 걸려, 선적 일정을 맞추려 무리하다 보니 어쩔 수 없이 테스트를 건너뛰게 됐다. 오류를 수정한 부분은 야간 작업 코드와 전혀 상관없는 부분이었기 때문에 안일하게 생각한 면도 있었다.

야간 작업 보고서가 안 나온 일은 심각한 사태였다. 수리 담당자에게 제때 할당되지 않은 작업은 시간이 지나면 큰 부담으로 돌아온다. 고객들이 고장을 눈치채고 불편 신고를 할지도 모른다. 야간 작업 데이터가 안 나오자 각 지역 서비스 매니저들은 전화를 걸어 톰을 닦달했다.

당장 테스트 장비를 켜고, 최신 버전 소프트웨어를 적재한 다음, 야간 작업 처리를 돌렸다. 몇 시간이 흐르더니 처리가 중단됐다. 야간 작업이 실패한 것이다. 선적하기 전 테스트를 했더라면, 데이터 손실도 없었을 것이고 지역 서비스 매니저들이 지금처럼 톰을 들들 볶는 일도 없었을 것이다.

톰에게 전화를 걸어 문제를 확인했다고 말했다. 톰은 나머지 고객들도 전화로 같은 불만을 토로했다고 알려줬다. 그리고 언제까지 고칠 수 있냐고 물었다. 잘 모르겠지만 처리 중이라고 답했다. 그동안은 고객들이 이전 버전을 사용해야 한다고 말했다. 톰은 화를 냈다. 야간 작업 데이터가 손실됐을 뿐 아니라 새 기능을 사용 못하는 추가 피해까지 고객이 감당해야 했기 때문이었다.

찾기 힘든 오류인데다 한 번 테스트하는 데 몇 시간이나 걸렸다. 최초 수정본은 동작하지 않았다. 두 번째도 마찬가지였다. 몇 번이나 시행착오를 거쳐야 했고, 며칠이나 지나서야 문제를 찾았다. 그동안 톰은 두어 시간마다 전화를 걸어다 고쳤냐고 물어봤다. 또한 고객들로부터 얼마나 불평을 듣고 있는지, 이전 버전을 사용하라고 말하기가 얼마나 부끄러운지를 귀에 못이 박히도록 반복했다.

마침내 결점을 찾아 새 테이프를 선적하자 모든 일이 평소대로 돌아왔다. 직속 상사가 아니었던 톰은 마음을 추스르고 모든 일을 잊어 넘겼다. 일이 마무리되자 직속 상사가 찾아와 "다시는 그런 일을 저지르지 않을 거라 생각해요."라고 했다. 동감이다.

돌이켜보면 야간 작업을 테스트하지 않고 선적한 일은 무책임한 짓이었다. 테스트를 소홀히 한 이유는 제때 선적했다고 떠벌리고 싶었기 때문이다. 그게 내 체면을 세우는 일이었다. 고객이나 회사는 뒷전이었다. 관심을 가졌던 건 내 평판뿐이었다. 책임감을 가지고 미리 톰에게 테스트가 끝나지 않아서 제때 선적할 수 없다고 말했어야 옳았다. 힘든 결정이었을 테고, 톰은 틀림없이 화를 냈을 것이다. 하지만 고객은 데이터를 잃어버리지 않았을 테고 서비스 매니저들도 전화를 하지 않았을 것이다.

무엇보다도 해를 끼치지 마라

책임감을 가지려면 어떻게 해야 할까? 몇 가지 원칙이 있다. 히포크라테스 선서를 가져온다면 좀 오만해 보일지도 모르겠지만, 더 나은 게 있을까? 더구나 프로가 되려는 열망에 온 힘을 쏟으려는 사람이 최우선 책임이자 제일가는 목표로 삼기에 딱 맞지 않은가?

소프트웨어 개발자는 어떤 해를 끼칠까? 소프트웨어 관점으로 보자면 기능과 구조 양쪽에 해를 끼친다. 어떻게 해야 해를 끼치지 않을지 고민해보자.

기능에 해를 끼치지 마라

당연한 말이지만 우리는 만들어 놓은 소프트웨어가 잘 돌아가길 바란다. 잘 돌아가는 소프트웨어를 만든 경험을 한 후 다시 그 흥분을 느끼고 싶다는 바람이야말로 우리가 프로그래머를 계속하는 이유다. 하지만 소프트웨어가 잘 돌아가길 바라는 마음은 우리뿐만 아니라 고객과 회사도 마찬가지다. 사실 그 사람들이 우리에게 월급을 주는 이유는 생각한 대로 잘 돌아가는 소프트웨어를 만들어 내길 바라기 때문이다.

오류를 만들면 기능에 해가 된다. 따라서 프로가 되려면 오류를 만들면 안 된다. "잠깐만요!" 누군가 소리친다. "말도 안 돼요. 소프트웨어는 너무 복잡해서 오류가 생길 수밖에 없다고요."

옳은 말이다. 소프트웨어는 너무 복잡해서 오류가 생길 수밖에 없다. 안타깝지만 너무 복잡하다는 이유로 책임이 사라지진 않는다. 인체는 너무 복잡해서 전부 이해하지 못하지만, 의사들은 여전히 해를 끼치지 않는다는 히포크라테스 선서를 지킨다. 의사들이 책임을 피하지 않는다면 우리도 그래선 안 된다.

"완벽한 사람이 되라는 겁니까?" 항의하는 소리가 들린다.

아니다. 내가 말하고자 하는 바는 완벽하지 않다는 사실에 책임을 져야 한다는 것이다. 완벽한 소프트웨어를 만드는 일이 사실상 불가능하다는 것이지 완벽하지 않아도 괜찮다는 뜻은 아니다.

프로라면 한 명도 빠짐없이 오류에 책임을 져야 한다. 오류가 명백하지 않더라도 상황이 어떻게 돌아가는지 밝혀야 한다. 프로가 되겠다는 포부를 가지고 있다면, 우선 사과하는 법을 익혀야 한다. 사과는 필수요소지만 그것만으로는 충분하지 않다. 같은 오류를 반복하면 안 된다. 경력을 쌓아가면서 오류를 만드는 비율을 급격히 떨어뜨려 0에 가깝게 만들어야 한다. 0이 되지는 않지만 가능한 한 0에 가깝게 만드는 게 당신 책임이다.

QA는 아무것도 찾지 못해야 한다

따라서 소프트웨어를 출시할 때는 QA가 문제를 찾지 못할 것이라고 어느 정도 자신할 수 있어야 한다. 코드에 결함이 있는 걸 알면서도 QA에게 코드를 보내는 일은 매우 프로답지 못한 행동이다. 결함이 있는 코드란 어떤 코드일까? 확신을 갖지 못하는 코드는 모두 결함이 있는 코드다.

어떤 이들은 QA를 오류를 찾는 용도로 사용한다. 그런 사람들은 코드를 철저히 확인하지 않고 QA에게 보낸다. 그리고 오류를 찾아내 개발자에게 알려주는 QA에게 의존한다. 심지어는 오류를 많이 찾는 순으로 QA에게 보상을 주는 회사도 있다. 오류를 많이 찾으면 더 많이 보상받는다.

이런 일이 얼마나 비싼 값을 치르는 일인지, 회사와 소프트웨어에 얼마나 해로운 일인지는 신경 쓰지도 않는다. 일정을 망치고 개발팀의 모험심을 뿌리부터 갉아먹는 것도 신경 쓰지 않는다. 그저 게으르고 무책임할 뿐이라는 사실도 신경 쓰지 않는다. 잘 돌아가는지 아닌지도 모르는 코드를 QA에게 보내는 개발자는 프로가 아니다. '해를 끼치지 마라'는 규칙을 어기는 짓이다.

QA가 오류를 찾을까? 십중팔구는 오류를 찾는다. 따라서 사과할 준비를 해야 한다. 또한 오류가 어떻게 감시망을 뚫었는지 알아내 다시는 그런 일이 생기지 않도록 방비해야 한다.

QA가 문제를 찾을 때마다, 더 나쁜 경우 사용자가 문제를 찾을 때마다, 개발자는 놀라움과 분함을 느껴야 마땅하며, 다시는 그런 일이 생기지 않도록 마음을 다져야 한다.

제대로 작동하는지 아닌지 알아야 한다

코드가 잘 돌아가는지 아닌지 알려면 어떻게 해야 할까? 간단하다. 테스트하고 또 테스트하라. 이렇게도 테스트하고 저렇게도 테스트하라. 월, 화, 수, 목, 금,

토, 일 일곱 가지 방식으로 테스트하라.

그렇게까지 테스트를 하면 시간이 너무 많이 걸리지 않을까 걱정될지도 모른다. 어찌됐건 일정에 따라 마감일은 지켜야 한다. 테스트하느라 시간을 다 쓰면, 코드를 만들지 못할 게 아닌가. 좋은 지적이다! 그러니까 테스트를 자동화해야 한다. 순식간에 실행할 수 있는 테스트를 만들고 가능한 자주 돌려라.

얼마만큼의 코드를 자동화한 단위 테스트로 테스트해야 할까? 대답할 필요조차 없다. 모조리 다 해야 한다. 모.조.리!

100% 테스트 커버리지를 권장하냐고? 권장이 아니라 강력히 요구한다. 작성한 코드는 한 줄도 빠짐없이 전부 테스트해야 한다. 군말은 필요 없다.

비현실적이라고? 전혀 그렇지 않다. 작성한 코드는 당연히 실행된다. 실행된다면 제대로 돌아가는지 알아야 한다. 알 수 있는 방법은 테스트뿐이다.

나는 FitNesse라는 오픈소스 프로젝트의 주요 기여자이자 커미터committer다. 이글을 쓸 무렵 FitNesse는 6만 줄이 됐다. 6만 줄 중 2만 6천 줄은 2000개 이상의 단위 테스트다. Emma 보고서에는 그 2000개 테스트의 커버리지가 90%이다.

왜 커버리지가 더 높지 않을까? 이유는 Emma가 실행되는 라인을 모두 살피지 못하기 때문이다! 실제 커버리지는 그보다 훨씬 높다고 믿는다. 커버리지가 100%일까? 아니다. 100%에 무한히 가깝다.

어떤 코드는 테스트하기 어렵지 않나? 그렇다. 하지만 그 이유는 코드를 테스트하기 어렵게 설계했기 때문이다. 해결책은 테스트하기 쉽게 코드를 설계하는 것이다. 가장 좋은 방법은 테스트 코드를 먼저 작성한 다음, 그 테스트를 통과하도록 코드를 작성하는 것이다.

이것이 테스트 주도 개발, 즉 TDD^{Test Driven Development}로 알려진 원칙이다. TDD는 나중에 더 자세히 다룬다.

자동화된 QA

FitNesse에서는 단위 테스트와 인수 테스트를 실행하기만 하면 전체 QA 과정이 끝난다. 테스트를 통과하면 바로 선적한다. QA 절차가 3분 정도밖에 안 걸려서 내키는 대로 실행할 수 있다는 뜻이다.

사실 FitNesse에 오류가 있다고 해서 누가 죽지는 않는다. 수억 원을 날리는 일도 없다. 하지만 FitNesse는 수천 명이 사용하고, 오류도 매우 적다.

어떤 시스템은 너무 중요해서 자동화된 테스트를 잠깐 돌려보는 것만으로는 출시 준비가 됐다고 하기에 부족하다. 반면 개발자 입장에서는 작성한 코드가 잘 돌아가고, 시스템의 다른 부분에 악영향을 주지 않았는지 알아내는, 비교적 빠르고 믿을 만한 메커니즘이 필요하다. 그래서 테스트를 자동화하면 최소한 시스템이 QA를 통과할 정도는 된다고 말할 수 있다.

구조에 해를 끼치지 마라

전체 구조^{structure}를 희생하면서까지 기능을 추가하는 일이 헛수고라는 사실은 프로라면 당연히 알고 있다. 구조가 좋아야 코드가 유연해진다. 구조가 위태로우면 미래도 위태롭다.

소프트웨어는 변한다라는 생각은 모든 소프트웨어 프로젝트의 기본 가정이다. 이 가정을 어기고 구조를 유연하게 만들지 못한다면 수익 기반인 경제 모델이 취약해진다.

한마디로 변경을 할 때 터무니없는 비용을 치르지 않고 변경할 수 있어야 한다.

안타깝지만 대부분의 프로젝트는 형편없는 구조 때문에 진창에 빠져 허덕인다. 하루만에 끝냈던 일이 한 주가 걸리고 한 달이 걸린다. 사라진 추진력을 다시 얻기 위해 필사적인 관리자들은 속도를 빠르게 하고자 개발자들을 더 고용한다. 하지만 이 개발자들은 곤란한 상황만 더하고 구조에 더 큰 피해를 입히며 장애물을 만들 뿐이다.

유연하면서도 유지하기 쉬운 구조로 소프트웨어를 설계하는 데 필요한 원칙과 패턴을 소개한 글은 쉽게 찾아볼 수 있다.[3] 프로 개발자는 이 원칙과 패턴을 마음에 새기고 그에 따라 소프트웨어를 작성한다. 하지만 간단한 요령도 있는데, 이 요령을 사용하는 개발자들은 의외로 적다. 소프트웨어가 유연하길 바란다면 소프트웨어를 이리저리 구부려야 한다!

소프트웨어가 바꾸기 쉬운지 아닌지 증명하는 유일한 길은 실제로 조금 바꿔보는 것이다. 바꾸기가 생각만큼 쉽지 않다면, 설계를 갈고 닦아서 다음 번에는 더 쉽게 바꿀 수 있도록 만들어야 한다.

코드를 조금 바꾸는 일은 언제 해야 할까? 항상 해야 한다! 모듈을 살펴볼 때마다 작고 가벼운 변화를 더해 구조를 개선해야 한다. 코드를 읽을 때마다 구조를 바꿔야 한다.

어떤 사람들은 이런 철학을 무자비한 리팩토링이라 부르지만, 나는 '보이 스카웃 규칙'이라 부른다. 보이 스카웃 규칙이란 모듈을 체크인할 때는 항상 체크아웃했을 때보다 깨끗해야 한다는 규칙이다. 코드를 볼 때마다 착한 일을 하라.

이는 보통 사람들이 소프트웨어에 대해 생각하는 방식과 정반대다. 사람들은 동작 중인 소프트웨어를 계속 바꾸는 일이 위험하다고 생각한다. 아니다! 정말 위험한 일은 소프트웨어를 고정된 상태로 두는 일이다. 소프트웨어를 구부리지 않는다면, 정말 변화가 필요할 때, 소프트웨어가 단단히 굳어있을 것이다.

왜 개발자들은 코드 바꾸기를 무서워할까? 코드를 망가트릴까 봐 겁이 나서다! 왜 코드를 망칠까 봐 겁이 날까? 테스트가 없기 때문이다.

결국 제일 걸리는 문제는 테스트다. 자동화된 테스트 묶음^{suite}의 커버리지가 거의 100%이고, 내킬 때마다 재빨리 돌려볼 수 있다면, 코드를 바꾸는 일은 전혀 무섭지 않다. 코드 바꾸기가 무섭지 않다는 사실을 어떻게 증명할 수 있을까? 항상 코드를 바꾸면 된다.

---

3 로버트 마틴(Robert C. Martin)의 『소프트웨어 개발의 지혜』(야스미디어, 2004)

프로 개발자는 코드와 테스트에 확신이 넘치기 때문에, 시도 때도 없이 이리 저리 코드를 바꿔도 마음이 평안하다. 내키면 클래스 이름을 바꾼다. 코드를 읽다가 메소드가 좀 길다 싶으면 아무렇지도 않게 메소드를 나눈다. switch 문장을 다형성을 활용한 구조로 바꾸기도 하고, 상속 계층을 무너트려 연속된 명령어 chain-of-command로 바꾸기도 한다. 한 마디로 조각가가 진흙을 다루는 것처럼 코드도 끊임없이 모양을 바꾼다.

직업 윤리

자신의 경력은 자신이 책임져야 한다. 실무에서 통할 만한 능력을 갖추는 일은 회사 책임이 아니다. 훈련시키고, 컨퍼런스에 보내고, 책을 사주는 일도 회사 책임이 아니다. 이런 일은 스스로 책임져야 한다. 자기 경력을 회사에 맡기는 개발자에게 재난이 있으라.

어떤 회사는 기꺼이 책을 사주고, 교육과 컨퍼런스에 보내준다. 좋은 일이다. 회사에서 호의를 베푸는 것이다. 하지만 이런 일이 회사 책임이라고 생각하는 함정에 빠지면 안 된다. 회사가 호의를 베풀지 않으면, 스스로 방법을 찾아야 한다.

공부할 시간을 마련하는 일 또한 회사 책임이 아니다. 어떤 회사는 공부할 시간을 주기도 한다. 심지어는 시간을 내 강제로 공부를 시키는 회사도 있다. 하지만 다시 한 번 말하자면 회사가 호의를 베푸는 것이니 감사한 마음을 가져야 한다. 그런 호의를 당연시하면 안 된다.

개발자는 회사에 어느 정도의 시간과 노력을 빚지고 있다. 미국을 예로 들면 한 주에 40시간 업무가 표준이다. 이 40시간은 회사의 문제를 푸는 데 써야 한다. 자신의 문제를 푸는 데 쓰면 안 된다.

한 주에 60시간 일할 계획을 짜야 한다. 40시간은 회사를 위해 쓰고 나머지 20시간은 자신을 위해 쓴다. 20시간은 읽고 연습하고 공부하고 경력에 도움이 되는 여러 가지를 하며 보내야 한다.

이런 생각이 들 것이다. "가족은 어떡하고? 내 인생은 어쩌고? 회사를 위해 가족과 인생을 희생해야 하나?"

여가 시간 전부를 바치라는 말이 아니다. 한 주에 20시간을 추가하라는 말이다. 한 주에 20시간이면 대략 하루에 3시간이다. 점심 시간에 책을 읽고, 출퇴근할 때 팟캐스트를 듣고, 새 언어를 배우는 데 90분을 쓰면 3시간이 된다.

계산을 해보자. 한 주는 168시간이다. 회사 일에 40시간, 자기 개발에 20시간을 쓰면 108시간이 남는다. 56시간 잠을 자면 52시간을 다른 일에 쓸 수 있다.

이렇게까지 시간을 쓰기 싫을지도 모른다. 그건 좋다. 하지만 자신을 프로라고 생각해선 안 된다. 프로는 직업을 돌보는 데 시간을 투자한다.

일은 직장에서만 해야지 집에서까지 일하면 안 된다고 생각할지 모른다. 동감이다! 그 20시간 동안은 회사를 위해 일해선 안 된다. 경력을 위해 힘써야 한다.

회사와 경력 양쪽에 도움되는 일도 있다. 어떤 때는 회사를 위해 하는 일이 경력에 큰 도움이 되기도 한다. 그렇다면 20시간을 투자하는 일도 합리적이다. 하지만 그 20시간은 자신을 위한 시간임을 명심해야 한다. 그 시간은 프로로서 자신의 가치를 높이기 위해 써야 한다.

기력이 고갈되기 딱 좋은 방법이라는 생각이 들지도 모르지만 아니다. 오히려 기력 고갈을 피하는 방법이다. 소프트웨어 개발자가 된 이유는 소프트웨어에 열정을 느끼며, 그 열정이 프로가 되고 싶다는 바람을 북돋았기 때문일 것이다. 20시간 동안 그 열정을 강하게 만드는 일을 하라. 20시간을 즐겁게 보낼 것이다.

전산 분야 지식을 익혀라

나씨-슈나이더만^{Nassi-Schneiderman} 차트를 아는가? 모른다면 왜 모르는가? 밀리 상태 기계^{Mealy state machine}와 무어 상태 기계^{Moore state machine}가 어떻게 다른지 알아야 한다. 검색하지 않고 퀵소트^{quicksort}를 작성할 수 있는가? '변환 분석^{Transform Analysis}'이란 용어를 아는가? 데이터 흐름도^{Data Flow Diagram}를 기능 분해할 수 있나?

'떠돌이 데이터^{Tramp Data}'가 무슨 뜻이지 아는가? '코너씬^{Connascence}'이란 용어를 들어본 적 있나? 파나스 테이블^{Parnas Table}이 무엇인가?

지난 50년간 전산 분야에는 아이디어, 규율, 기법, 도구, 전문 용어가 넘쳐 흘렀다. 이것들을 얼마나 알고 있나? 프로가 되고 싶다면 지식을 익혀 큼지막한 덩어리를 만든 다음 그 덩어리를 계속 키워야 한다.

왜 이런 지식을 알아야 할까? 무엇보다 우리 분야는 너무 급격히 발전해서, 오래된 아이디어들은 모두 쓸모없어지지 않을까? 이 질문의 앞 부분은 척 봐도 너무 당연해 보인다. 확실히 우리 분야는 무시무시한 속도로 발전한다. 하지만 재미있게도 이런 발전은 여러 면에서 부분적으로 나타난다. 이제 우리는 컴파일한다고 24시간을 꼬박 기다리지 않아도 된다. 우리가 만드는 시스템은 크기가 몇 기가 바이트나 된다. 지구 전체에 퍼진 네트워크는 실시간으로 정보를 제공한다. 하지만 한편으로는 50년 전에 쓰던 if, while 문장을 그대로 사용한다. 바뀐 게 많지만, 바뀌지 않은 것도 많다.

위 질문의 뒷부분, 오래된 아이디어가 쓸모없어진다는 말은 단연코 사실이 아니다. 지난 50년간 쓸모없게 된 아이디어는 거의 없다. 몇몇 아이디어는 비주류로 물러나긴 했다. 예를 들어 폭포수 개념은 확실히 사람들의 관심이 줄어들었다. 눈 밖에 났다. 그렇긴 하지만 폭포수 개발의 의미와 장단점을 몰라도 된다는 말은 아니다.

넓게 보면 지난 50년간 힘들게 얻은 지식 대부분은 아직도 쓸모가 많다. 어쩌면 예전보다 가치가 더 클지도 모른다.

철학자 산타야나^{Santayana}의 저주를 명심하자. "과거를 기억하지 못하는 자, 그 과거를 반복하는 저주를 받을지니...".

다음은 프로 소프트웨어 개발자라면 알아야 하는 최소한의 기술 목록이다.

- 디자인 패턴: 24가지 GOF 패턴을 설명할 수 있고, POSA 패턴을 실무에 적용할 수준으로 알아야 한다.

- 설계 원칙: SOLID 객체지향 원칙을 알아야 하고 컴포넌트 개념을 충분히 이해해야 한다.

- 방법론: XP, 스크럼, 린, 칸반^{kanban}, 폭포수, 구조적 분석, 구조적 설계 개념을 충분히 이해해야 한다.

- 원칙: 테스트 주도 개발^{TDD}, 객체지향 설계, 구조적 프로그래밍, 지속적 통합, 짝 프로그래밍을 실천해야 한다.

- 도구: UML, 데이터 흐름도^{DFD}, 구조 차트$^{Structure\ Chart}$, 페트리 넷$^{Petri\ Net}$, 상태 전이 다이어그램과 테이블$^{State\ Transition\ Diagram\ and\ Table}$, 흐름도$^{flow\ chart}$, 결정 테이블$^{decision\ table}$을 어떻게 쓰는지 알아야 한다.

끊임없이 배우기

IT 산업은 미친듯이 바뀌기 때문에, 어마어마하게 공부해도 간신히 따라잡는 정도다. 코딩하지 않는 아키텍트에게 재난이 있으라. 그들은 곧 시대에 뒤떨어진다. 새 언어를 배우지 않는 프로그래머에게 재난이 있으라. IT 산업은 눈 깜빡할 사이에 그들을 앞서 나간다. 새 원칙과 기술을 익히지 못한 개발자에게 재난이 있으라. 그들이 내리막길을 걷는 동안 동료들은 저만치 앞서 나간다.

최신 의학 논문을 보지 않는 의사를 찾아가고 싶은 맘이 드는가? 최신 판례와 세법에 신경 쓰지 않는 세무사에게 일을 맡기고 싶은가? 최신 기술을 익히려 하지 않는 개발자를 과연 누가 고용할까?

책, 기사, 블로그, 트윗을 읽어라. 컨퍼런스에 가라. 여러 모임에 참가하라. 스터디 그룹에 들어가라. 익숙한 영역을 벗어나 낯선 것을 익혀라. .NET 프로그래머라면 자바를 배워라. 자바 프로그래머라면 루비^{Ruby}를 배워라. C 프로그래머라면 리스프^{Lisp}를 배워라. 두뇌를 유연하게 만들고 싶다면 프롤로그^{Prolog}와 포스^{Forth}를 배워라.

연습

프로는 연습한다. 진정한 프로는 기술을 날카롭게 갈고 닦아 항상 준비된 상태로 만들려고 애쓴다. 일상적인 업무를 연습이라 부르면 안 된다. 일상 업무는 연습이라기보다 공연이다. 업무라는 공연을 떠나 기술을 개선하고 향상시키고자 하는 목적만으로 하는 훈련이 바로 연습이다.

소프트웨어 개발자에게 연습이란 무슨 의미일까? 얼핏 보면 말이 안 되어 보인다. 하지만 잠시 생각을 해보자. 음악가가 연주에 능숙해지는 방법이 뭘까? 공연이 아니라 연습이다. 그렇다면 음악가들은 어떻게 연습할까? 여러 훈련을 하지만 그중에서도 음계^{scale}, 연습곡^{etude}, 음계를 빠르게 연주하는 악구^{run}라는 특별한 훈련을 한다. 이 훈련들을 끊임없이 반복해서 손가락과 정신을 훈련하고 기술에 익숙해지도록 단련한다.

그렇다면 소프트웨어 개발자들은 어떻게 연습해야 할까? 다양한 훈련 방식을 6장에서 다루기 때문에, 자세한 이야기는 나중에 하겠다. 내가 애용하는 기법을 하나만 말하자면, 볼링 점수 계산이나 인수분해 프로그래밍 같은 간단한 훈련을 계속해서 반복한다. 이런 훈련을 품새^{kata}라 한다. 품새는 종류가 다양해서 선택의 여지가 넓다.

품새는 대개 프로그래밍으로 간단한 문제를 푸는 형식이다. 예를 들면 정수를 소인수 분해하는 기능을 만드는 식이다. 하지만 문제 풀이는 품새의 핵심이 아니다. 문제를 어떻게 푸는지는 이미 알고 있다. 품새의 핵심은 손가락과 두뇌를 단련시키는 일이다.

나는 매일 품새를 한두 개씩 푼다. 보통 업무를 시작하기 전에 푸는 일이 많다. 자바나 루비 혹은 클로저^{Clojure}로 풀기도 하고, 잊고 싶지 않은 언어로 풀기도 한다. 품새를 통해 특정 리팩토링을 활용하거나 단축키를 익숙하게 누르는 것 같은 세부 기술을 날카롭게 다듬는다.

품새를 아침에는 준비운동 10분으로, 저녁에는 마무리운동 10분으로 생각하자.

함께 일하기

배움에 도움이 되는 두 번째 방법은 다른 사람들과 함께 일하는 것이다. 프로 소프트웨어 개발자는 함께 프로그래밍하고, 함께 연습하고, 함께 설계하고 계획하는 데 특히 노력을 기울인다. 그렇게 하면서 서로 많이 배울 뿐 아니라, 일도 빨리 끝나고 오류가 더 적다.

업무시간의 100%를 다른 사람과 일하라는 뜻이 아니다. 혼자만의 시간 또한 매우 중요하다. 다른 사람과 짝 프로그래밍하기를 좋아하는 것 못지않게, 때때로 혼자만의 시간을 가질 수 없다면 정신이 나갈지도 모른다.

멘토링

배우기에 가장 좋은 방법은 가르치는 것이다. 쓸모 있는 내용을 머릿속에 가장 빠르고 강하게 넣는 방법은 자신이 책임지고 담당하는 사람들과 이야기를 주고받는 일이다. 가르치고 배울 때 더 큰 이득을 보는 쪽은 선생님이다.

마찬가지로 새로운 사람을 조직에 익숙하게 만드는 가장 좋은 방법은 옆에 앉아서 몇 가지 작업 요령을 알려주는 일이다. 프로라면 후배들을 멘토링하는 책임을 져야 한다. 후배들이 방치된 채 이리저리 떠돌게 둬선 안 된다.

업무 지식을 익혀라

프로 소프트웨어 개발자는 자신이 프로그래밍하는 제품의 업무 분야 지식을 알아야 한다. 회계 시스템을 만든다면 회계 분야를 알아야 한다. 여행 애플리케이션을 만든다면 여행 산업을 알아야 한다. 전문가가 될 필요까진 없지만 적절한 수준에 도달하기 위해 어느 정도 노력을 기울여야 한다.

새로운 분야에서 프로젝트를 시작하게 되면, 관련 분야의 책을 한두 권 읽어보자. 고객이나 사용자들과 면담 시간을 잡아 업무 기초에 대해 이야기를 나뉘보자. 업무 전문가들과 함께 시간을 보내고, 전문가들의 원칙과 가치를 이해해보자.

프로답지 못한 행동 중에서도 최악은 제품 사양이 사업 진행에 이치가 맞는지 따져보지도 않고 그저 사양spec에 따라 코딩하는 일이다. 사양에 오류가 있는지 알아보고 이의를 제기할 수 있을 만큼 업무를 알아야 한다.

회사와 고객에 동질감을 가져라

회사의 문제가 자신의 문제다. 문제가 무엇인지 이해하고 최선의 해결책을 만들기 위해 일해야 한다. 제품을 개발할 때는 회사의 입장에서 개발 중인 기능이 회사의 요구사항을 만족하는지 확인해야 한다.

개발자들끼리는 동질감을 가지기 쉽다. 회사를 대할 때 우리 vs 우리가 아닌 나머지라는 태도에 빠지기 쉽다. 프로라면 무슨 짓을 해서라도 이런 일을 피해야 한다.

겸손

프로그래밍은 창조 행위다. 코딩으로 무(無)에서 유(有)를 만든다. 과감히 혼돈에 질서를 부여한다. 자칫하면 어마어마한 피해를 입힐지도 모르는 위험을 무릅쓰고, 자신만만하게 기계를 이리저리 정밀하게 움직이도록 명령한다. 그러므로 프로그래밍은 극도로 오만한 행위다.

프로는 자신이 오만하며 겸손한 척할 생각이 없다는 사실을 안다. 프로는 자신의 일을 이해하고 그 일에 자부심을 가진다. 프로는 자기 능력을 확신하고, 그 확신을 바탕으로 계산한 위험risk을 과감히 짊어진다. 프로는 쫄지 않는다.

그러나 프로는 때때로 실패한다는 사실과 위험 계산이 틀릴지도 모른다는 것 그리고 언젠가 자신의 능력이 부족해지는 날이 온다는 사실을 잘 안다. 그때가

왔을 때 거울을 보면 오만한 멍청이 하나가 웃는 모습을 보게 된다.

그래서 프로는 자신이 웃음거리가 됐을 때, 가장 먼저 웃는다. 절대 다른 사람을 비웃지 않지만, 자신이 비웃음거리가 될 만하다면 기꺼이 받아들인다. 아니라면 그저 웃어 넘긴다. 다른 사람이 실수했다고 망신을 주지 않는다. 다음 번 실패할 사람이 자신임을 알기 때문이다.

프로는 자신이 극도로 오만하다는 사실과 언젠가 불운이 닥쳐 목표가 무너질지도 모른다는 사실을 안다. 목표가 무너졌을 때, 가장 좋은 방법은 하워드의 충고를 따르는 것이다. "그냥 웃어. 이 친구야."

참고문헌

로버트 마틴(Robert C. Martin)의 『소프트웨어 개발의 지혜』(아스미디어, 2004)

2장

아니라고 말하기

"한다, 하지 않는다 둘 뿐이야. 해본다는 말은 없어."

– 요다Yoda

70년대 초, 나는 19살 동갑내기 두 친구와 함께 ASC라는 회사에서 시카고에 있는 운송노동조합을 위한 실시간 회계 시스템을 만들었다. 의문스런 실종으로 음모론에도 종종 등장하는 노조위원장 지미 호파Jimmy Hoffa 같은 사람이 자연스레 떠오를 것이다. 1971년 당시는 운송노동조합을 함부로 건드리면 큰일 나는 시대였다.

시스템은 마감일까지 반드시 완성해야 했다. 그렇지 못하면 금전적으로 큰 손실을 입게 된다. 우리 팀은 마감일을 지키려고 일주일에 60, 70, 심지어는 80시간씩 일하기도 했다.

마감 일주일 전에서야 마침내 전체 시스템을 통합할 수 있었다. 오류와 처리해야 할 문제가 산더미였고, 우리는 정신없이 오류를 줄여나갔다. 먹고 자고 할 시간은 물론, 생각할 시간조차 없었다.

ASC에서 매니저로 일하는 프랭크는 공군 대령 출신이었는데, 목소리가 크고 공격적인 사람이었다. 내 말에 따르지 않을 거면 딴 데로 가라는 식이었는데, 갈 때도 그냥 가는 게 아니라 3000미터 상공에서 낙하산도 없이 떨어뜨려버렸다. 19살이었던 우리는 눈도 마주치지 못했다.

프랭크는 마감일까지 완료해야 한다고 말했다. 그게 전부였다. 완료일에는 일을 완료해야 한다. 더 이상은 말 꺼내지도 마라.

직장상사인 빌은 호감이 가는 사람이었다. 빌은 프랭크와 일한 지 몇 년 되어서, 프랭크가 용납할 일과 용납하지 않을 일을 잘 알고 있었다. 빌은 무슨 일이 있어도 마감일을 지키라고 했다.

따라서 마감일이 되자 시스템을 작동시켰는데, 끔찍한 재앙이 벌어졌다.

시카고에 있는 운송노동조합 본부와 그보다 북쪽으로 45km 떨어진 교외에 자리한 우리 시스템은 300보드^{baud}, 반 2중 통신$^{half-duplex}$ 단말기 수십 대로 연결되어 있었다. 그런데 그 단말기들이 대략 30분이 지나면 멈췄다. 이 문제는 본 적이 있긴 하지만 재현해내지 못한 문제였다. 조합원들이 출근 도장을 찍을 때 어마어마한 양의 통신이 갑작스레 밀려오는데, 그런 환경을 만들지 못했기 때문이다.

설상가상으로, 110보드 전화선으로 연결된 ARS35 텔레타이프도 보고서 출력 도중 멈췄다.

한 번 멈추면 껐다 켜야만 했다. 따라서 사용자들은 단말기가 살아있을 때 일을 끝내려고 애썼지만, 끝내기 전에 단말기가 멈출 때가 많았다. 모든 단말기가 멈추면 우리를 불러 재가동시켰다. 한 번 멈추면 작업은 처음부터 다시 시작해야 한다. 이런 일이 한 시간에 한 번 이상 일어났다.

이렇게 반나절이 지나자, 운송노동조합 사무 관리자가 당장 시스템을 내리고 제대로 동작하기 전에는 가동하지 말라고 했다. 이러는 동안에 조합원들은 반나절 분량의 작업이 허사가 됐고, 예전 시스템으로 처음부터 다시 입력해야 했다.

프랭크는 건물이 쩌렁쩌렁 울리도록 소리를 질렀다. 시간이 멈춘 듯 영원히 끝나지 않을 것만 같은 순간이었다. 빌과 시스템 분석가인 재릴이 찾아와 시스템이 언제쯤 안정화될지 물었다. 나는 "4주 걸립니다."라고 대답했다.

빌과 재릴은 잠시 경악에 찬 표정을 짓더니 단호한 얼굴로 말했다. "안 돼요. 이번 주 금요일까지 반드시 마무리해야 합니다."

내가 대답했다. "시스템을 그나마 돌아가게라도 만든 게 겨우 저번 주였어요. 오류와 문제들을 털어내려면 4주가 필요합니다."

하지만 빌과 재릴은 단호했다. "안 돼요. 정말로 금요일까지 해야 합니다. 최소한 노력이라도 해볼 수는 없나요?"

그러자 우리 팀장이 답했다. "알았어요. 한번 해볼게요."

금요일은 좋은 선택이었다. 주말에는 부하가 훨씬 적었다. 월요일까지 오류를 더 수정할 수도 있었다. 그럼에도 불구하고, 카드로 만든 집은 무너지기 마련이다. 하루나 이틀에 한 번씩 시스템이 멈췄다. 다른 문제들도 많았다. 하지만 다음 몇 주 동안 점차 불평이 거의 안 나올 수준으로 시스템을 개선했다. 일상적인 생활로 복귀할 수 있을 정도였다.

그리고 앞에서 말했다시피, 우린 모두 그만뒀다. 회사는 큰 위험부담을 안게 됐다. 고객이 마구 쏟아내는 불만사항을 처리할 새 프로그래머들을 고용해야 했다.

일이 이렇게 망가진 건 누구 책임일까? 당연하지만 프랭크의 방식도 큰 문제였다. 으름장 놓는 고약한 성질머리 때문에 일이 실제 어떻게 돌아가는지 말해주는 사람이 없었다. 당연한 말이지만, 빌과 재릴은 훨씬 더 강하게 프랭크와 맞서야 했다. 팀장은 금요일까지 완료하라는 요청을 거부해야 했다. 물론 나 또한 팀장 뒤에 숨지 말고 "아니요."라고 계속 주장해야 했다.

프로라면 권위에 맞서 진실을 말해야 한다. 프로는 관리자에게 아니라고 말하는 용기를 가져야 한다.

상사한테 어떻게 아니라고 할 수 있을까? 뭣보다, 직속 상사 아닌가! 상사 말에 따라야 하지 않을까?

아니다. 프로라면 그래선 안 된다.

노예들에겐 아니라는 말이 허락되지 않는다. 단순 일꾼들은 아니라고 말하길 꺼린다. 하지만 프로는 아니라고 말해야 마땅하다. 사실, 좋은 관리자라면 아니라고 말하는 배짱을 가진 사람을 꼭 가지고 싶어한다. 아니라고 말하는 일이야말로 맡은 작업을 완료하는 유일한 길이다.

반대하는 역할

이 책의 검토자 중 하나는 이번 장을 정말로 싫어했다. 책을 덮어버릴 뻔 했다고 한다. 그 검토자는 대립관계가 없는 팀을 꾸린 적이 있다고 했다. 충돌 없이 조화를 이뤄 함께 일하는 그런 팀 말이다.

멋진 일이긴 하지만 정말 생각만큼 팀에 대립이 없었는지는 의문스럽다. 만일 없었다 해도 최대 효율을 발휘했을지 의심된다. 경험상 어려운 결정을 내리는 최고의 방법은 대립하는 사람들 사이의 충돌이다.

관리자들은 할 일이 있는 사람들이고, 대부분은 맡은 업무를 잘 처리하는 법을 안다. 그 업무에는 목적 달성을 위해 가능한 한 적극적으로 추진하고 방어하는 일도 포함된다.

마찬가지로 프로그래머들 또한 할 일이 있고, 대부분은 맡은 업무를 잘 처리하는 방법을 안다. 프로라면 자신의 목적 달성을 위해 자신이 할 수 있는 최선을 다 해 적극적으로 추진하고 방어한다.

관리자가 내일까지 로그인 페이지를 완성해야 된다고 말했다면, 프로그래머는 목적 달성을 위해 추진하고 방어한다. 자신이 맡은 업무를 처리한다. 로그인 페이지를 내일까지 완성하는 일이 불가능하다는 사실을 충분히 알고 있다면, "좋아요, 한번 해볼게요."라고 말하는 것은 맡은 업무를 처리하는 것이 아니다. 일을 제대로 처리하는 유일한 방법은 "아니요, 불가능합니다."라고 말하는 것이다.

관리자 말에 따라야 하지 않냐는 생각이 떠오르는가? 아니다. 관리자는 자신이 그러는 것처럼 프로그래머들도 적극적으로 추진하고 방어한다고 믿는다. 그게 두 사람이 가능한 최선의 결과를 얻는 방법이다.

가능한 최선의 결과란 프로그래머와 관리자가 공유하고 있는 목표를 달성하는 것이다. 다만 목표를 찾는 과정에서 협상을 해야 한다는 점이 골치 아픈 일이다. 협상이 즐거운 때도 있다.

> 마이크: "폴라, 로그인 페이지를 내일까지 끝내야 돼요."
>
> 폴라: "어, 와우, 그렇게나 빨리요? 음. 한번 해볼게요."
>
> 마이크: "좋아요. 좋아. 고마워요!"

참으로 다정한 대화다. 대립이라곤 찾아볼 수 없다. 두 사람 다 웃으며 헤어졌다. 멋지다.

허나 두 사람 모두 프로답지 못한 처신을 했다. 폴라는 로그인 페이지를 완성하려면 하루로는 부족하다는 사실을 잘 알고 있었다. 그런데 거짓말을 했다. 폴라는 거짓말이라고 생각하지 않았을지도 모른다. 정말 노력해보려는 생각에, 어쩌면 완료할지도 모른다는 미약한 희망을 가졌을지도 모른다. 하지만 결국은 거짓말이다.

한편 마이크는 "한번 해볼게요."를 "됩니다."로 받아들였다. 정말 멍청한 짓이다. 폴라가 대립을 피하려 한다는 사실을 눈치채고, 다음과 같이 말해 문제를 명확히 했어야 한다. "확신이 없어 보이네요. 정말 내일까지 끝낼 수 있습니까?".

여기 또 다른 즐거운 대화가 있다.

> 마이크: "폴라, 로그인 페이지를 내일까지 끝내야 돼요."
>
> 폴라: "미안한데 마이크, 그보단 시간이 더 걸릴 거예요."
>
> 마이크: "언제쯤 끝낼 수 있나요?"
>
> 폴라: "2주 뒤는 어때요?"
>
> 마이크: (수첩에 뭔가를 끄적거리며) "좋아요. 고마워요."

즐겁기 그지없는 대화지만, 이루 말할 수 없이 형편없고, 매우 프로답지 못한 대화다. 두 사람 모두 가능한 최선의 결과를 끌어내지 못했다. 폴라는 2주면 어떠냐고 묻는 게 아니라, 더 단정적으로 말해야 한다. "2주가 걸릴 거예요, 마이크."

한편 마이크 입장에서 보면, 아무 의문 없이 날짜를 받아들이는 행동은 자신의 목적이 달성되든 말든 신경 쓰지 않는다는 뜻이다. 혹시 폴라 때문에 고객 시연 일정을 맞추지 못하겠다고, 그냥 보고해 버리지나 않았는지 의문이다. 그런 식의 수동적 공격성 행동은 도덕적으로 비난받을 만한 일이다.

지금까지 살펴본 경우는 두 사람 모두 납득할 만한 목표를 끌어내지도 않았고, 가능한 최선의 결과를 찾아보지도 않았다. 다음처럼 해보자.

마이크: "폴라, 로그인 페이지를 내일까지 끝내야 해요."

폴라: "안 돼요, 마이크. 2주나 걸리는 작업이라고요."

마이크: "2주나요? 설계팀은 3일 걸린다고 추정했고, 벌써 5일이나 지났어요."

폴라: "설계팀이 틀렸어요, 마이크. 제품 마케팅 부서에서 요구사항을 추가하기 전에 추정한 일정이잖아요. 그 요구사항을 처리하려면 10일이 더 필요해요. 내가 위키에 일정 갱신한 거 안 봤어요?"

마이크: (경악과 좌절로 몸을 떨며) "말도 안 돼요, 폴라. 내일 고객 시연에서 로그인 페이지가 잘 동작하는 걸 보여줘야 해요."

폴라: "로그인 페이지에서 내일까지 필요한 기능이 어떤 거예요?"

마이크: "로그인 페이지가 필요하다고요! 로그인할 수 있어야 돼요."

폴라: "마이크, 로그인만 가능한 데모 페이지는 만들 수 있어요. 지금 작업하는 중이거든요. 실제 사용자와 암호를 체크하지도 않고, 암호를 잊었을 때 이메일 보내는 기능도 없어요. 페이지 윗부분에 '타임즈-스퀘어링'이라는 회사 뉴스 배너도 없고, 도움말 버튼이나 마우스 커서를 올렸을 때 툴팁이 나오는 기능도 없어요. 쿠키를 사용해서 사용자를 기억하는 기능도 없고, 권한 관리도 전혀 안 돼요. 그래도 로그인은 할 수 있어요. 이 정도면 되나요?"

마이크: "로그인할 수 있나요?"

폴라: "네, 로그인할 수 있어요."

마이크: "그럼 충분해요 폴라, 이제 살았네요!"(주먹을 불끈 쥐고 "좋았어"라고 말하며 돌아간다.)

가능한 최선의 결과를 이끌어냈다. 아니라고 말하며 상호 합의하에 해결책을 만들었다. 프로답게 행동했다. 언쟁을 좀 했고, 어색한 순간도 몇 번 있었지만, 목표가 완벽히 정의되지 않은 상황에서 적극적으로 목적 달성을 위해 노력하는 사람들 사이에서는 당연히 일어나는 일이다.

왜 그런지가 중요한가?

폴라가 왜 로그인 페이지를 만드는 데 오래 걸리는지를 설명하지 않았는지 궁금해 하는 사람이 있을 것이다. 경험상 왜 그런지보다는 사실이 어떤지가 훨씬 중요하다. 이번 일에서 사실이란 로그인 페이지 완성에는 2주가 필요하다는 현실이다. 왜 2주가 필요한지는 사소한 일이다.

하지만 왜 그런지 설명하면 마이크가 상황을 파악하고 현실을 받아들이는 데 도움이 될지도 모른다는 사실은 인정한다. 충분히 그럴 수 있다. 마이크가 기술 관련 경험을 했거나, 이해심이 넓은 성격이라면, 왜 그런지 설명하는 일은 도움이 된다. 반면, 마이크가 결론에 불만을 가질지도 모른다. 테스트를 다 할 필요가 없다든지, 리뷰나 어떤 12단계는 생략하라고 주장할지도 모른다. 세부사항을 과하게 알려주는 일은 밀착 관리를 초래한다.

이해관계가 높을 때

이해관계가 높을 때야 말로 아니라고 말할 가장 중요한 순간이다. 이익과 손해가 클수록, 아니라는 말의 가치도 높아진다.

이는 당연한 일이다. 실패하면 손해가 너무 커서 회사의 생존 여부가 달린 일이라면, 마음을 굳게 먹고 최고의 정보를 관리자에게 알려야 한다. 아니라는 말이 최선의 정보가 될 때가 종종 있다.

　돈(개발 부장): "그래서 황금 거위 프로젝트를 완료하는데, 12주 플러스 마이너스 5주가 걸린다는 게 저희들의 현재 추정치입니다."

찰스(CEO): (시뻘개진 얼굴로 15초간 노려보다) "지금 한다는 소리가 출시하는 데 17주가 걸릴지도 모른다는 소린가?"

돈: "네, 그럴 가능성도 있습니다."

찰스: (벌떡 일어나자, 몇 초 후 돈이 따라 일어선다.) "젠장, 돈! 이 일은 3주 전에 끝났어야 하잖아. 갤리튼이 매일 전화로 망할 시스템은 어디에 있냐고 물어본단 말이야. 갤리튼에게 4달 더 기다리라는 말은 절대 못해. 이번 일은 꼭 제대로 처리해야만 해."

돈: "사장님, 3달 전에 말씀드렸다시피, 정리해고가 있었기 때문에 4달이 더 필요한 겁니다. 크리스 사장님, 사장님이 저희 팀원 중 20퍼센트나 해고했잖아요. 갤리튼에게 늦을지도 모른다는 말 안 했나요?

찰스: "내가 그런 말 안 했다는 건 자네도 잘 알잖아. 우리 회사는 그 주문을 놓치면 버틸 수 없어, 돈. (말문이 막히고, 얼굴이 하얗게 질린다) 갤리튼과의 거래가 불발되면, 우린 정말 큰일 나는 거야. 자네도 잘 알지? 이렇게나 늦었으니, 너무 걱정이 되네... 이사회에는 뭐라고 해야 하지? (천천히 자리에 앉아, 떨림을 억제하며) 돈, 지금보단 더 잘 처리해야 해."

돈: "제가 할 수 있는 건 없어요, 사장님. 일은 벌써 이만큼 진행됐고, 갤리튼은 제품 기능 범위를 줄일 생각이 없을 테고, 중간 출시도 받아들이지 않을 거예요. 갤리튼이 원하는 건, 설치에서 동작까지 한 번에 잘 끝나는 거예요. 지금보다 더 빨리 작업하는 건 불가능해요. 그런 일은 없을 거예요."

찰스: "망할, 자네 일자리가 걸려 있는 데도 그렇게 나올 줄은 몰랐어."

돈: "절 해고해도 예측일은 바뀌지 않아요, 사장님."

찰스: "더 이상 할 이야기가 없네. 팀으로 돌아가서 프로젝트나 잘 이끌도록 해. 나는 아주 골치 아픈 전화를 몇 통 해야 할 것 같아."

물론 찰스는 3달 전, 예정일이 바뀌었음을 알자마자 갤리튼에게 알려야 했다. 늦었지만 지금이라도 갤리튼과 이사회에 전화를 했으니 옳은 일을 했다. 하지만 돈이 맞서지 않았다면 전화는 훨씬 더 늦어졌을 것이다.

팀 플레이어

팀 플레이어가 얼마나 중요한지는 다들 들어봤을 것이다. 팀 플레이어가 된다는 의미는 맡은 위치에서 최선을 다하고, 동료의 일이 잘 안 풀릴 때 도와준다는 뜻이다. 팀 플레이어는 의사소통을 자주하고, 동료들을 살피고, 최선을 다 해 맡은 바 책임을 완수한다.

팀 플레이어는 항상 "네"라고 하지 않는다. 다음 이야기를 살펴보자.

폴라: "마이크, 예상 일정을 가져왔어요. 우리 팀이 합의한 시연 일정은 7주에서 9주 뒤에요."

마이크: "폴라, 6주 뒤에 시연하기로 벌써 일정이 잡혔어요."

폴라: "우리한테 먼저 묻지도 않고요?"

마이크: "이미 결정된 사항이에요."

폴라: (한숨 쉬며) "알았어요. 팀원들이랑 상의해서 6주 뒤에 제대로 배포할 수 있는 기능이 어느 정도인지 알아볼게요. 하지만 전체 시스템은 안 돼요. 몇몇 기능이 빠지고, 데이터도 일부 누락될 거예요."

마이크: "폴라, 고객은 완전한 시스템을 보고 싶어해요."

폴라: "그렇게는 안 돼요, 마이크."

마이크: "젠장, 알았어요. 할 수 있는 만큼 계획을 짜서 내일 알려주세요."

폴라: "그건 가능하죠."

마이크: "날짜를 맞추기 위해 뭔가 할 수 있는 일이 없을까요? 좀 더 영리하고 창의적인 방법이 있을지도 몰라요."

폴라: "우리 팀은 원래 창의적이에요, 마이크. 업무는 잘 처리하고 있어요. 8주나 9주는 걸려요. 6주는 안 돼요."

마이크: "야근을 할 수도 있잖아요."

폴라: "그러면 더 늦어질 거예요, 마이크. 지난 번에 강제로 야근을 시켰더니 얼마나 엉망이 됐는지 기억 안 나요?"

마이크: "기억나요. 그런데 이번에는 안 그럴지도 모르잖아요."

폴라: "지난 번이랑 똑같을 거예요, 마이크. 내 말을 믿으세요. 8주나 9주가 걸려요. 6주는 안 돼요."

마이크: "알았으니까 최선의 계획을 가져오시되, 6주 안에 끝낼 방법이 있나 계속 고민해보세요. 해낼 수 있을 거라 믿어요."

폴라: "아니오, 마이크, 안 그럴 거예요. 6주 분량의 계획을 만들겠지만, 기능이랑 데이터가 많이 빠질 거예요. 그럴 수밖에 없어요."

마이크: "알았어요, 폴라. 하지만 나는 당신네 팀이 노력만 하면 기적을 만들거라 믿어요."

(폴라가 고개를 절레절레 흔들며 멀어진다.)

그 후, 관리자 전략회의에서 오간 이야기를 살펴보자.

돈: "여보게 마이크, 알다시피 6주 뒤에 고객들이 시연을 보러 오잖아. 고객들은 모든 게 다 잘 돌아가길 바라고 있다네."

마이크: "네, 잘 알고 있습니다. 확실히 준비할 겁니다. 팀원들이 엉덩이에

불이 나도록 열심히 해서 일을 끝낼 겁니다. 야근도 좀 하고, 창의적으로 일할 겁니다. 반드시 끝내겠습니다.”

돈: “멋지구먼, 자네들은 정말 팀 플레이어로군.”

이 이야기에서 진정한 팀 플레이어는 누구인가? 폴라야말로 팀을 위해 뛰었다. 가능한 일과 불가능한 일을 구분지어 알리고, 최대한 능력을 발휘했기 때문이다. 마이크의 회유와 협박에도 불구하고 자기 입장을 강하게 지켰다. 마이크는 자기 혼자만의 팀에서 일했다. 단지 자신만을 위해 일을 처리했다. 마이크는 폴라가 불가능하다고 분명히 말한 일을 약속했기 때문에 당연히 폴라의 팀은 아니다. 자신은 인정하지 않겠지만, 돈의 팀도 아니다. 자신의 입으로 돈에게 거짓말을 했기 때문이다.

마이크는 왜 그런 짓을 했을까? 마이크는 돈이 자신을 팀 플레이어로 봐주길 바랐고, 폴라를 회유하고 조종해서 6주 기간에 맞추게 할 수 있다고 믿었기 때문이다. 마이크는 사악한 사람이 아니다. 자기 자신이 원하는 일을 다른 사람이 해내도록 만드는 능력에 대해 과한 자신감을 가졌을 뿐이다.

노력해보기

마이크가 회유와 조종을 할 때, 최악의 선택은 “알았어요. 노력해볼게요.”라고 대답하는 것이다. 뜬금없지만, 이 점에 대해서는 요다가 옳다. 해본다^trying는 말은 없다.

마음에 안 드는가? 노력은 긍정적인 행동이라 생각할 것이다. 애당초 콜럼버스가 노력하지 않았다면 신대륙을 발견했을까?

노력^try이란 단어에는 많은 뜻이 있다. 여기서는 ‘추가로 힘을 쏟는다’라는 의미를 가리킨다. 6주 안에 시연 준비를 끝내도록 추가로 힘을 쏟는다는 건 어떤 뜻일까? 추가로 쏟을 힘이 있다는 말은, 이전에는 최선을 다하지 않았다는 뜻이

다. 예비로 힘을 남겨뒀다는 의미다.[1]

노력한다는 약속은 지금까지는 늑장을 부렸으며 힘을 비축했다고 인정하는 셈이다. 노력한다는 약속은 추가로 힘을 쏟기만 하면 목표를 달성할 수 있다고 인정할 뿐만 아니라, 추가로 힘을 쏟아 목표를 달성하기 위해 온 몸을 바치겠다고 말하는 셈이다. 이것은 무거운 짐이다. '노력'해도 원하는 결과를 만들지 못하면 실패다.

비축해둔 에너지가 있는가? 그 에너지를 쏟으면 목표를 달성할 수 있는가? 아니면 노력하겠다고 약속함으로써 불가피한 실패를 예약했을 뿐인가?

노력하겠다는 약속은 계획을 바꾼다는 약속이다. 지금의 계획은 불충분하다고 인정한 셈이다. 노력하겠다는 약속은 새로운 계획이 있다는 말이다. 도대체 새로운 계획이 뭔가? 어떻게 행동을 바꿔야 한단 말인가? 지금도 '노력' 중이라면 뭘 바꿔야 하는가?

새로운 계획도 없고, 어떻게 행동을 바꿔야 할지도 모르고, '노력'하겠다고 약속하기 전 그대로 일한다면, 도대체 노력하겠다는 게 무슨 의미인가?

비축해 둔 에너지도 없고, 새 계획도 없고, 행동을 바꿀 생각도 없고, 이성적으로 봤을 때 원래 예측에 확신이 든다면, 노력하겠다는 약속은 근본적으로 정직하지 못한 행동이며 거짓말이다. 아마 체면을 차리고 대립을 피하려 했음이 틀림없다.

폴라의 방식이 훨씬 낫다. 마이크에게 팀의 예측은 불확실하다는 사실을 계속 일깨웠다. 항상 '8주나 9주'라고 했다. 불확실함을 강조했고 절대 물러서지 않았다. 여분의 힘이 남았다거나 새로운 계획을 짠다거나 일하는 방식을 바꿔 불확실성을 줄이겠다는 의도는 조금이라도 내비친 적이 없다.

3주가 흘렀다.

---

1   만화에 나오는 수탉 포그혼 레그혼과 같다. "나는 항상 깃털에 번호를 매겨놓지. 비상시를 대비해서 말이야."

마이크: "폴라, 시연이 3주 뒤에요. 그리고 고객들이 파일 업로드 기능을 보고 싶대요."

폴라: "마이크, 파일 업로드는 전에 합의한 기능 목록에 없는 거예요."

마이크: "알아요. 그래도 보고 싶다고 한다니까요."

폴라: "알았어요. 그렇다면 통합 인증^{Single Sign-on}이나 백업 기능 중 하나를 시연에서 빼야겠네요."

마이크: "절대 안 돼요! 그 기능들도 보고 싶어해요."

폴라: "그러면 모든 기능을 보고 싶다는 거네요. 지금 말한 게 그 뜻이 맞나요? 안 된다고 했잖아요."

마이크: "미안하지만 폴라, 그 문제에 관해선 고객들은 꼼짝도 안 해요. 모든 기능을 보고 싶어 한다고요."

폴라: "그건 안 돼요, 마이크. 안 되는 건 안 되는 거예요."

마이크: "아... 진짜 폴라, 최소한 노력이라도 해볼 수 없나요?"

폴라: "마이크, 나는 공중부양하려고 노력할 수도 있고, 납을 금으로 바꾸려고 노력할 수도 있어요. 대서양을 건너려고 노력해볼 수도 있고요. 그렇게 노력해서 성공할 것 같아요?"

마이크: "말도 안 되는 소리 좀 그만해요. 불가능한 걸 요구하는 게 아니잖아요."

폴라: "아니, 맞아요, 마이크."

(마이크는 쓴 웃음을 짓고 고개를 흔들며 돌아서 걸어간다.)

마이크: "폴라를 믿어요. 실망시키지 않을 걸 알아요."

폴라: (마이크의 등을 향해) "마이크, 꿈 같은 소리 그만해요. 안 좋은 결과가 나올 게 불 보듯 뻔해요."

(마이크는 돌아보지도 않고 그냥 멀어진다.)

수동적 공격성, 두고 보자는 심보

폴라는 흥미로운 결정을 내렸다. 마이크가 돈에게 일정을 제대로 말하지 않았다고 의심했지만, 마이크가 벼랑 끝으로 걸어가도록 내버려뒀다. 폴라는 모든 서류의 복사본을 챙겨서 끔찍한 결과가 벌어졌을 때, 마이크에게 언제 무슨 말을 했는지 보여줄 수 있도록 만반의 준비를 갖췄다. 이것은 수동적 공격이다. 마이크가 자기 목을 매달 때까지 그저 바라만 본 것이다.

폴라는 돈과 직접 이야기해서 끔찍한 결과를 피할 수도 있었다. 당연히 위험 부담을 져야 한다. 하지만 이런 일이야 말로 팀 플레이어다운 일이다. 화물을 가득 실은 열차가 달려오는데, 그걸 본 사람이 자신밖에 없다면, 혼자 조용히 물러나서 다른 이들이 열차에 치는 모습을 볼 것인가, 아니면 "기차가 와요! 빨리 비켜요!"라고 소리칠 것인가.

이틀이 지났다.

폴라: "마이크, 돈에게 일정 이야기했어요? 돈은 고객들에게 파일 업로드 기능은 시연에서 빠진다고 이야기했대요?"

마이크: "폴라, 기능 구현한다고 했잖아요."

폴라: "그런 적 없어요, 마이크. 불가능하다고 분명히 말했잖아요. 여기 우리가 이야기한 다음에 내가 보낸 쪽지를 봐요."

마이크: "그래요. 알았어요. 그래도 노력해본다고 했잖아요."

폴라: "그 이야기는 벌써 끝난 걸로 아는데요. 납하고 금, 기억 안 나요?"

마이크: (한숨 쉬며) "이봐요, 폴라, 일을 완료해야 해요. 꼭 끝내야 한다고요. 제발 무슨 짓을 해도 좋으니, 저를 봐서 끝내주세요."

폴라: "그게 아니에요, 마이크. 당신을 위해 일을 끝내는 건 내가 할 일이 아니에요. 정말 내가 해야 할 일은 돈에게 알리는 거예요. 마이크가 안 하면, 내가 할 거예요."

마이크: "그러면 난 모가지예요, 그러지 말아요."

폴라: "그러고 싶지 않지만, 계속 이러면 어쩔 수 없어요."

마이크: "아, 폴라…"

폴라: "잘 들어요, 마이크. 시연 때까지 기능 완료는 안 돼요. 똑똑히 새겨 들으세요. 더 열심히 하라고 설득하는 것 좀 그만둬요. 내가 마술사처럼 모 자에서 토끼를 꺼낼 거라는 환상도 집어치워요. 현실을 직시해요. 돈에게 알려요. 오늘까지요."

마이크: (눈이 휘둥그래지며) "오늘이요?"

폴라: "네, 마이크. 오늘이요. 왜냐하면 내일 돈이랑 셋이서 시연 때 어떤 기능을 보여줄지 회의할 계획이니까요. 내일 그 회의를 못 열겠다면, 어쩔 수 없이 돈한테 직접 이야기할 수밖에 없어요. 여기 쪽지에 방금 한 이야기 를 정리해 놨어요."

마이크: "당신은 그저 자기 몸 하나만 챙기는군요!"

폴라: "마이크, 우리 두 사람 모두를 위한 거예요. 고객들은 모든 기능을 보 고 싶어 하는데, 우리가 못 보여준다면 어떤 끔찍한 일이 벌어질지 상상이 안 가요?"

폴라와 마이크는 결국 어떻게 됐을까? 결말은 독자들에게 맡길 테니, 여러 가능 성을 상상해보라. 중요한 점은 폴라가 아주 프로답게 행동했다는 사실이다. 항 상 옳은 방식으로 일관되게 아니라고 했다. 예측 일정을 고치라는 압박을 받아 도 아니라고 했다. 회유, 조종, 간청을 받았을 때도 아니라고 했다. 가장 중요한 점은 혼자만의 상상에 빠져 아무런 조치도 하지 않는 마이크에게 아니라고 한 사실이다. 폴라는 팀을 위해 일을 처리했다. 마이크는 도움이 필요했고, 폴라는 마이크를 도우려고 자기 권한 안에서 가능한 모든 방법을 동원했다.

예라고 말하는 비용

우리는 언제나 예라고 말하고 싶다. 사실, 건강한 팀은 예라고 할 수 있는 방법을 찾으려 애쓴다. 잘 돌아가는 팀의 관리자와 개발자들은 서로 만족할 수 있는 계획이 나올 때까지 협상한다.

하지만 지금까지 살펴봤듯이, 가끔은 올바른 예를 말할 방법이 두려움 없이 아니라고 말하는 수밖에 없을 때도 있다.

다음에 나오는 글은 존 블랑코^{John Blanco}가 블로그[2]에 올린 내용을 허락받아 옮긴 것이다. 읽어보면서, 언제 어떤 식으로 "아니요."라고 말해야 좋을지 고민해보자.

훌륭한 코드는 불가능한가?

이 글을 읽는 독자들은 10대 청소년 시절 소프트웨어 개발자가 되리라 다짐했을 것이다. 고등학생 때는 객체지향 원칙에 따라 소프트웨어 작성 방법을 배웠을 것이다. 대학을 졸업할 즈음에는 인공지능이나 3D 그래픽을 포함해 온갖 기술이란 기술은 모두 적용해 봤을 것이다.

프로그래머로 먹고 살기 시작하면서는 상업적 품질에 유지보수하기 좋고 오랜 세월이 흘러도 끄떡없는 '완벽한' 코드를 짜려는, 결코 끝나지 않는 일을 하곤 했다. 상업적 품질이라니. 허, 거참 웃기시네.

난 운이 좋은 사람이라 생각한다. 디자인 패턴을 너무 좋아하고 완벽한 코딩에 관한 여러 이론들을 공부하면 즐겁다. XP 짝꿍이 만든 상속 구조가 왜 안 좋은 지에 관해 선 채로 몇 시간이나 토론을 해도 아무런 문제가 없다. 상속 구조가 안 좋은 이유는 극히 일부를 제외하면 has-a 관계가 is-a 관계보다 훨씬 낫기 때문이다. 하지만 최근 꽤나 신경 거슬리는 있이 있는데...... 현대 소프트웨어 개발에서 좋은 코드는 불가능한가?

---

2 http://raptureinvenice.com/?p=63

흔한 프로젝트 제안

정규직 (가끔은 비정규직) 개발자로서, 나는 업무시간에 (야근할 때도) 모바일 애플리케이션을 개발한다. 이 일을 몇 년간 하고 나니 고객의 요청이 마음에 드는 품질의 앱을 만드는 데 방해가 된다는 사실을 알게 됐다.

미리 말해두는데, 노력을 안 해본 건 아니다. 나는 클린 코드란 개념을 아주 좋아한다. 나만큼 완벽한 소프트웨어 설계를 추구하는 사람은 본 적이 없다. 클린 코드를 만든다는 것은 좀처럼 손에 잡히지 않는 어려운 일인데, 여러분 머리에 떠오르는 이유 때문만은 아니다.

내가 겪은 이야기를 들려주겠다.

작년 말, 이름만 들으면 알 만한 회사가 모바일 앱을 만들고 싶다는 RFP(제안 요청서)를 냈다. 아주 큰 소매업체인데, 이름을 밝힐 수 없으니 고릴라마트라고 부르자. 고릴라마트는 아이폰용 앱을 만들어 검은 금요일[3] 전에 출시하길 원했다. 문제가 뭐냐고? 그때가 벌써 11월 1일이었다. 4주 안에 앱을 만들어야 한다는 뜻이었다. 아, 그리고 애플의 승인을 받는 데 2주가 필요했다(그때가 좋았지). 잠깐만. 그렇다면 앱을 만드는 데 주어진 시간은... 달랑 2주?

그렇다. 앱을 만들 시간은 딱 2주가 남았다. 그리고 불행히도 우리가 입찰을 따냈다(사업에는 고객에게 중요한 일이 우선이다). 무슨 일이 일어날지 뻔히 보였다.

"괜찮을 거예요." 고릴라마트 1번 이사가 말했다. "간단한 앱이에요. 상품 몇 개를 보여주고 해당 상품의 위치 검색만 하면 되거든요. 웹사이트에 이미 구현된 기능이에요. 필요한 이미지도 드릴게요. 그러니까, 그게 뭐였죠, 아, 하드코딩하면 돼요."

고릴라마트 2번 이사가 거들었다. "그리고 쿠폰 몇 개를 고객들이 사용할 수 있으면 됩니다. 한 번만 쓰고 버릴 앱이에요. 일단 이번에는 이렇게 만들

---

3 검은 금요일(black friday)은 추수 감사절 직후의 금, 토, 일을 뜻하며, 이 때가 미국 최고의 쇼핑기간이다. 미국 소매업자들은 대부분 이 기간을 기점으로 흑자로 전환한다. 검은색은 나쁜 뜻이 아니라 흑자를 나타내는 말이다. – 옮긴이

고, 다음 단계에서 기능도 많이 넣고 더 좋게 처음부터 새로 만들 거예요."

그리고 예상했던 일이 벌어졌다. 고객들이 요구하는 기능은 항상 말로 들을 때보다 더 복잡해진다는 불변의 진리를 몇 년이나 겪었으면서도, 이 일을 맡게 된다. 이번에는 2주 안에 완성할 수 있다고 진짜로 믿어버린다. 그래! 할 수 있어! 이번에는 다를 거야. 이미지 몇 개와 매장 위치 검색 기능만 있으면 돼. XML로 하면 돼! 식은 죽 먹기지. 할 수 있어. 하고 싶어 안달이 나 있다고! 좋아, 가는 거야!

하지만 현실과 맞닥뜨리는 데는 하루도 안 걸렸다.

나: "매장 위치 검색 웹 서비스 호출 관련 정보 좀 알려주세요."

고객: "웹 서비스가 뭔가요?"

나: …………

상황은 정확히 다음과 같았다. 매장 위치 검색 기능은 그럴듯한 자리인 웹사이트 오른쪽 위 구석에 있었는데, 웹 서비스가 아니었다. 자바 코드로 만들어져 있었다. API고 나발이고 아무것도 없었다. 덤으로 웹사이트는 고릴라마트 협력사에서 호스팅하고 있었다. 사악한 '서드파티[3rd party]'로 가는 초대장이었다.

고객의 말을 빌리자면, '서드파티'는 안젤리나 졸리와 비슷했다. 맛있는 저녁을 먹으며 즐겁게 대화하고 잘만하면 다음에 또 엮일지도 모른다는 희망을 가져보지만, 미안하게도 그런 거 없다. 황홀한 상상에 빠져 있는 시간에도 실제 업무를 처리해야 하는 사람은 당신이다.

내 경우, 고릴라마트를 닦달해서 받아낼 수 있는 것이라고는, 현재 재고 목록을 담은 엑셀 파일뿐이었다. 매장 위치 검색 기능은 처음부터 새로 만들어야 했다.

그 날 저녁 뒤통수를 후려치는 듯한 일이 또 일어났다. 쿠폰 데이터를 온라인에 올려두고 매주 바꾸고 싶다는 것이었다. 쿠폰은 원래 하드코딩할 계획이었다고! 2주 동안 아이폰 앱만 만들면 됐었는데 지금은 아이폰 앱에다 PHP 뒤 단을 만들고 그걸 통합하기만 하면... 뭐? QA까지 하라고?

추가 업무를 처리하려면 코딩 속도를 높여야 한다. 추상 팩토리 패턴은 잊어버려라. 컴포짓 패턴 대신 길고 긴 반복문을 써라. 시간이 없다!

좋은 코드는 물 건너갔다.

완료까지 2주

말하자면, 끔찍한 2주였다. 무엇보다, 처음 이틀간은 다음 프로젝트 때문에 하루 종일 회의를 하느라 날려버렸다(안 그래도 부족한 시간이 더욱 줄었다). 결국에는 일할 시간이 8일밖에 남지 않게 됐다. 첫 주는 74시간이나 일했고 다음 주는, 세상에나, 기억도 안 난다. 뇌 신경세포들이 뿌리채 뽑혀나갔나 보다. 차라리 잊는 게 낫겠지.

그 8일 동안 코딩에 불타올랐다. 일하는 데 도움이 되면 어떤 방법이라도 가리지 않았다. 복사해서 붙여넣기(다시 말해 코드 재사용), 하드코딩된 매직 넘버들(상수 중복 선언 방지인데, 헉!, 같은 내용을 다시 타이핑하네) 당연히 단위 테스트 따윈 하지 않는다!(눈코 뜰 새 없이 바쁜데 빨간 막대 볼 여유가 어디 있나. 의욕만 떨어진다!)

상당히 형편없는 코드였고 리팩터링할 시간도 없었다. 하지만 기간을 고려하면 준수했다. 뭐, 어차피 '한 번 쓰고' 버릴 코드였으니까. 어디서 많이 들어봤던 소리 아닌가? 이런 일이 익숙하게 느껴지나? 잠깐만, 여기서부터 점입가경이다.

앱에 마무리 손질을 하고 있을 때(서버 코드도 마찬가지), 코드를 살펴보면서 고생할 가치가 있었다고 생각했다. 마침내 앱을 완성했다. 나는 살아남았다!

> "안녕하세요, 얼마 전에 밥 이사님이 새로 오셨는데, 너무 바빠서 전화할 시간이 없어요. 밥 이사님이 뭐라고 했냐 하면 쿠폰을 받으려면 고객들이

이메일 주소를 입력해야 된대요. 이사님은 아직 앱을 못 봤지만, 이메일을 받는 게 끝내주는 아이디어라고 생각하세요. 또 서버에 있는 이메일을 주소를 볼 수 있는 보고서 시스템도 필요해요. 기능도 좋고 시간도 많이 안 걸릴 거예요. (잠깐, 마지막 부분은 몬티파이썬에서 본 것 같은데.) 쿠폰 이야기가 나왔으니 말인데, 특정 날짜가 지나면 만료돼야 해요. 아, 그리고 ...”

여기서 잠깐 돌이켜보자. 좋은 코드란 어떤 코드일까? 좋은 코드는 확장 가능해야 한다. 운영하기 좋고, 바꾸기 편해야 한다. 소설처럼 읽기 편해야 한다. 그렇다면, 이번에 만든 코드는 좋은 코드가 아니다.

이 뿐만이 아니다. 좋은 개발자가 되려면 반드시 명심해야 할 일이 있다. 고객은 항상 완료일을 연장한다.[4] 항상 더 많은 기능을 바란다. 항상 나중에 가서야 바꾸고 싶어한다. 다음은 예상 공식이다.

$$(\text{임원수})^2$$

$$+\ 2 \times \text{새로 입사한 임원수}$$

$$+\ \text{밥 이사님의 자녀 수}$$

$$=\ \text{마지막 순간에 추가되는 날짜}$$

뭐랄까, 임원들은 점잖은 사람들이다. 최소한 내가 보기엔 그렇다. 가족 부양을 위해 애쓰는 가장들이다(악마가 임원이라도 가정을 꾸리는 것 정도는 허락했다고 가정하자). 임원들은 앱이 성공하길 바란다(인사고과 기간!). 문제는 앱 성공에 너무 끼어든다는 점이다. 모든 일을 결정한 후 구현까지 끝났는데도, 항상 어떤 기능이나 디자인 결정을 나름대로 지적하고 싶어한다.

---

4 기능을 추가하므로, 완료일이 계속 연장된다는 의미다. – 옮긴이

다시 이야기로 돌아가서, 프로젝트 기간을 며칠 연장해서 이메일 기능을 완료했다. 나는 지쳐서 나가 떨어졌다.

고객은 당신만큼 신경 쓰지 않는다

고객들은 이런저런 의견을 내긴 하지만 발등에 불이 떨어져도, 앱이 제때 출시되는 일에 당신만큼 신경 쓰지 않는다. 나는 앱을 마무리 지은 다음 이메일로 최종 빌드를 모든 이해관계자, 이사님들(더헛!!), 관리자와 기타 여러 사람들에게 보냈다. "끝났습니다! 1.0 버전을 보냅니다! 찬양하시오!". 보내기 버튼을 누르고 의자에 기대어 잘난 체 미소를 지으며, 회사가 나를 떠받들고 거리행진을 나가 '동서고금을 통틀어 가장 위대한 개발자'라는 명예를 안겨주는 모습을 상상하기 시작했다. 적어도 광고에 내 얼굴은 실어주겠지?

재미있게도 다른 사람들은 그렇게 생각하지 않았다. 사실 무슨 생각을 하고 있었는지도 잘 모르겠다. 나는 아무런 소식도 듣지 못했다. 다른 사람들은 코빼기도 안 보였다. 알고 보니 고릴라마트의 사람들은 벌써 다음 업무에 정신이 팔려 있었다.

거짓말이라고? 한 번 보자. 나는 앱스토어에 앱을 등록할 때 앱 설명문 없이 등록했다. 고릴라마트에 앱 설명문을 요청했으나 응답이 없었고 더 이상 기다릴 시간이 없었다(이전 문단을 보라). 요청하고 또 요청했었다. 매니저에게 직접 말하기도 했었다. 두 번이나 말했는데 그때마다 들은 이야기는 "뭐가 필요하다고 했었죠?"였다. 앱 설명문이 필요하다고요!

일주일 후, 애플에서 앱 테스트를 시작했다. 보통이라면 즐겁게 기다렸겠지만, 이번에는 말라 죽는 줄 알았다. 예상대로 앱 등록이 거부됐다. 상상하기 힘들 만큼 슬프고 한심한 이유였다. "앱 설명문이 없습니다." 기능은 완벽했지만 앱 설명문이 없었다. 이 때문에 고릴라마트는 검은 금요일에 맞춰 앱을 출시하지 못했다. 난 너무 화가 났다.

2주간의 마감 전 전력질주를 하느라 가족들이 희생했는데, 고릴라마트 사람들은 일주일이나 여유가 있었음에도 불구하고 아무도 앱 설명문에 신경을 쓰지 않았다. 앱 등록이 거부되고 나서 한 시간 뒤에나 앱 설명문을 받았는데 보아하니 이제서야 일을 시작한 것 같았다.

여기까지는 그냥 열 받은 정도였는데, 한 주 반이 지나자 노발대발하게 됐다. 고릴라마트에서 실제 데이터를 준비하지 않은 것이다. 서버에 올라 온 상품과 쿠폰은 가짜였다. 쿠폰 코드가 1234567890였다. 가짜 발로니^{baloney}[5]인 것이다(뜬금없지만 이런 상황에선 볼로냐 소시지를 발로니 소시지로 표기한다).

마침내 운명의 날이 찾아왔고 포털을 확인해 보니 앱이 올라와 설치할 수 있었다. 데이터는 완전히 가짜인 채로! 두려움과 절망으로 아무데나 전화를 걸어 고래고래 소리질렀다. 데이터가 필요하다고요! 그러자 상대편이 소방관이나 경찰이 필요하냐고 물었는데, 알고 보니 119 긴급전화였다. 정신차리고 고릴라마트에 전화를 걸었다. "데이터가 필요하다고요!" 그리고 결코 잊지 못할 대답을 들었다.

  안녕하세요? 존. 새로 오신 이사님이 출시하지 말래요. 앱 스토어에서 내려주세요. 가능하죠?

나중에 살펴보니 데이터베이스에 이메일이 11개 등록돼 있었다. 즉, 11명의 고객이 가짜 쿠폰 때문에 고릴라마트에 올지도 모른다는 말이었다. 거참 볼만하겠는 걸.

처음부터 끝까지 돌이켜보면, 고객은 내내 옳은 말을 했다. 이 코드는 한 번 쓰고 버린다. 한 가지 문제라면 애초에 앱은 출시되지도 않았다는 것이다.

---

5 baloney는 엉터리, 거짓말이라는 뜻도 있다. - 옮긴이

결과는? 완성하려고 서두르지만, 시장엔 늦었다

이 이야기의 교훈은 외부 고객이건 내부 관리자건 이해관계자는 개발자들이 빨리 코딩하도록 만들고 만다는 점이다. 효율적일까? 아니다. 빠를까? 그렇다. 이런 일은 아래 방식으로 진행된다.

- 개발자에게 간단한 앱이라고 한다: 이 말은 개발팀이 잘못된 사고 틀에 갇히게 만든다. 또한 개발자들이 일찍 작업을 시작하게 만들고, 그로 인해 개발자들은 …

- 자신들이 필요로 하는 내용을 제대로 파악하지 못한다고 개발팀을 탓하며 기능을 추가한다: 이 경우, 하드코딩된 데이터를 바꾸려면 앱 전체를 바꿔야 한다. 어떻게 이런 걸 몰랐을까? 사실 알고 있었지만, 이미 잘못된 약속을 한 뒤였다. 혹은 상황이 어떻게 돌아가는지 전혀 모르는 '낯선 사람'이 고객사에서 갑자기 툭 튀어나올지도 모른다. 어느 날 고객사에서 스티브 잡스를 고용해서 앱에 연금술 기능을 추가할 수 있냐고 물어보기 시작한다. 또한 그들은 …

- 일정을 압박한다. 반복해서 괴롭힌다: 개발자들은 마감일을 며칠 앞두고 최선을 다해 최고의 속도로 일하고 있다. (물론 오류가 펑펑 쏟아지겠지만, 신경 쓰는 사람은 없다. 그렇지 않나?) 개발자들이 저렇게 생산적인데 일정을 연기한다고 알려줄 필요가 있을까? 그냥 이용해먹자! 이런 식으로 일이 진행되면서, 며칠이 미뤄지고, 몇 주가 미뤄진다. 다만 업무를 제대로 처리하려고 하루에 20시간씩 일했을 뿐이다. 이건 당나귀에게 당근을 주는 것과 같다. 차이점이라면 당나귀만도 못한 대접을 받는다는 것이다.

끝내주는 안내서가 아닐 수 없다. 이런 방식을 사용하는 관리자들을 비난할 수 있을까? 하지만 관리자들은 끔찍한 코드를 볼 일이 없다. 그래서 형편없는 결과에도 불구하고 이런 일이 반복해서 일어난다.

세계경제에서 기업은 막강한 위력을 가진 달러 확보와 주가 상승을 위해 정리

해고, 초과 근무, 해외 발주를 통해 개발자에게 들이는 비용을 절감하고 있고, 이는 훌륭한 코드를 쓸모없게 만든다. 개발자 입장에서 보면, 조금만 주의를 기울이지 않으면 시간은 반으로 줄고 코드는 두 배로 작성하라는 요청/명령/기만을 받게 된다.

코드 임파서블

앞선 일화에서 존은 "훌륭한 코드는 불가능한가?"라고 물었는데, 사실은 "프로답게 사는 것은 불가능한가?"라고 묻는 것이다. 따져보면 기능 장애에 대한 존의 이야기에서 피해를 받은 것은 코드뿐만이 아니다. 가족, 회사, 고객, 사용자 모두 고통을 받았다. 모든 이가 길을 잃었다.[6] 프로답지 못한 행동 때문에 길을 잃고 말았다.

그렇다면 프로답지 않게 행동한 사람은 누구인가? 존은 고릴라마트의 이사들이라는 의견을 명확히 밝혔다. 결국, 존이 쓴 각본은 이사들의 나쁜 행동을 고발하기 위함이 확실하다. 그런데 이사들의 행동이 나쁜 행동이었을까? 나는 그렇게 생각하지 않는다.

고릴라마트 사람들은 검은 금요일까지 아이폰 앱이 완성되길 바랐다. 그 목적을 위해 기꺼이 비용을 지불했다. 목적을 달성해주겠다는 사람을 찾았다. 과연 그들을 탓할 수 있을까?

물론 의사소통에 실패한 건 사실이다. 보아하니 이사들은 웹 서비스가 뭔지도 몰랐고, 대기업에서 흔히 보이는 문제인 한 부서가 다른 부서에서 뭘 하는지 모르는 문제도 있었다. 하지만 이 정도는 예상할 수 있는 문제였다. 존 역시 인정했다. "고객들이 요구하는 기능은 항상 말로 들을 때보다 더 복잡해진다는 …"

고릴라마트 잘못이 아니라면 누구 잘못인가?

6　존의 직속 상사는 예외일지도 모르지만, 내가 보기엔 마찬가지로 길을 잃었다.

존이 일하는 회사 잘못일지도 모른다. 직접 언급하지 않았지만, 은근히 그런 뜻을 내비친다. "사업에는 고객에게 중요한 일이 우선이다." 그렇다면 존의 회사는 고릴라마트에게 비이성적인 약속을 한 것일까? 회사는 약속을 지키기 위해 존에게 직간접적으로 압력을 줬을까? 존이 말하지 않았기 때문에 알 수 없다.

그렇다 하더라도 존의 책임이 없다고 할 수 있을까? 나는 존도 똑같이 잘못했다고 생각한다. 애초에 마감 기한 2주를 받아들인 사람은 존이다. 보통 프로젝트는 보이는 것보다 복잡하다는 사실을 잘 알면서도 말이다. PHP 서버가 필요하다는 요구사항을 받아들인 사람도 존이다. 이메일 등록과 쿠폰 만료일을 받아들인 사람도 존이다. 하루 20시간, 일주일에 90시간 일한 사람도 존이다. 마감일을 지키기 위해 일상생활과 가족으로부터 스스로 멀어진 사람도 존이다.

존은 왜 그랬을까? 존은 확실히 말했다. "보내기 버튼을 누르고 의자에 기대어 잘난 체 미소를 지으며, 회사가 나를 떠받들고 거리행진을 나가 '동서고금을 통틀어 가장 위대한 개발자'라는 명예를 안겨주는 모습을 상상하기 시작했다." 한마디로 존은 영웅이 되려 했다. 영예를 얻을 가능성을 보고 힘차게 달려갔다. 힘껏 손을 뻗어 대성공의 기회를 움켜쥐었다.

프로는 종종 영웅이 되기도 하지만 영웅이 되려 애썼기 때문이 아니다. 프로가 영웅이 될 때는 업무를 충실히, 제 시간에, 예산 안에서 완수했을 때다. 구세주라는 명예를 얻기 위해 존은 프로답지 못한 행동을 했다.

존은 최초 2주 마감일에 아니라고 했어야 옳다. 아니면 웹 서비스가 없다는 사실을 알았을 때 아니라고 말해야 했다. 이메일 등록이나 쿠폰 만료도 거부해야 했다. 몸서리쳐지는 초과 근무나 희생을 요구하는 모든 일에 아니라고 했어야 옳다.

하지만 무엇보다도 존은 제 시간에 일을 완료하기 위해서는 코드가 지저분해도 어쩔 수 없다는 결정을 내리지 말아야 했다. 존이 좋은 코드와 단위 테스트에 대해 뭐라고 했는지 살펴보자.

"추가 업무를 처리하려면, 코딩 속도를 높여야 한다. 추상 팩토리 패턴은 잊어버려라. 컴포짓 패턴 대신 길고 긴 반복문을 써라. 시간이 없다!"

다른 부분도 살펴보자.

"그 8일 동안 코딩에 불타올랐다. 일하는 데 도움이 되면 어떤 방법이라도 가리지 않았다. 복사해서 붙여 넣기(다시 말해 코드 재사용), 하드코딩된 매직 넘버들(상수 중복 선언 방지인데, 헉!, 같은 내용을 다시 타이핑하네) 당연히 단위 테스트 따윈 하지 않는다!(눈코 뜰 새 없이 바쁜데 빨간 막대 볼 여유가 어디 있나. 의욕만 떨어진다!)"

이런 결정에 예라고 말한 것이야말로 실패의 결정적 원인이다. 성공하는 유일한 길은 프로답지 않게 행동하는 것이라 받아들였기에, 그에 맞는 대가를 치렀다.

심한 이야기로 들릴지 모르겠지만, 그럴 의도는 아니었다. 이전 장에서 나 또한 같은 실수를 여러 번 저질렀다고 밝혔다. 영웅이 되거나 '문제를 해결'하고픈 유혹은 저항하기 힘들다. 우리 모두 명심해야 할 일은 예라는 대답은 프로로서 가져야 할 원칙을 포기할 뿐 아니라, 문제 해결에도 도움이 안 된다는 사실이다. 그 원칙을 포기하는 일이야말로 문제를 만드는 방법이다.

마지막으로 존의 최초 질문에 답을 해보자.

"좋은 코드는 불가능한가? 프로다운 일 처리는 불가능한가?"

나의 답변은 다음과 같다. "아니요. 가능합니다."

3장

예라고 말하기

음성 메일을 발명한 사람이 나라는 사실을 알고 있는가? 정말이다. 사실 음성 메일의 부모는 나와 켄 핀더Ken Finder, 제리 피츠패트릭Jerry Fitzpatrick 3명이다. 80년대 초, 우리는 테러다인Teradyne이란 회사에서 근무했다. CEO의 신제품 개발 지시로 '전자 안내원The Electronic Receptionist', 줄여서 ER을 발명했다.

다들 ER이 뭔지 알 것이다. ER은 회사에서 전화 응대를 하는 끔찍한 기계로, 뇌 사상태에 빠진 것 같은 질문을 하며 고객은 버튼을 눌러 대답해야 한다("영어 안 내를 원하시면 1번을 누르세요.").

우리가 만든 ER이 회사에 걸려온 전화를 받으면, 전화한 사람은 버튼을 눌러 통화하고픈 사람의 이름을 입력한 후 자신의 이름을 소리 내 말해야 했다. ER은 통화 대상자에게 전화를 해 걸려온 전화를 받을지 여부를 물어본다. 받는다면 통화를 연결하고 자신은 빠진다.

ER에게 사람이 있는 장소를 알려줄 수도 있다. 여러 개의 전화번호를 알려줄 수도 있다. 따라서 ER은 다른 이의 사무실에 있어도 사람을 찾아낸다. 집에 있어도 찾아낸다. 다른 도시에 있어도 찾아낸다. 끝내 못 찾는다면 메시지를 전달받는다: 바로 여기서 음성 메일이 나오게 됐다.

이상한 일이지만 테러다인은 ER을 판매할 방법을 찾지 못했다. 프로젝트는 예산이 동나 판매에 익숙한 CDS, 즉 인원 파견 시스템^{Craft Dispatch System}을 만드는 프로젝트로 변해버렸다. CDS는 전화 수리 기사를 다음 장소로 파견하는 시스템이다. 테러다인은 우리에게 말도 없이 특허까지 포기해 버렸다(!). 현재 특허 취득자는 우리보다 3달이나 늦게 특허를 신청했다(!!).[1]

ER이 CDS로 변한 지는 한참 됐지만, 특허를 포기했다는 사실은 알아차리기 한참 전이었을 때다. 나는 회사 정면에 있는 큰 떡갈나무에 기어올라 사장님의 재규어 자동차가 들어오기를 기다렸다. 문 앞에서 만나 잠시 시간을 내 달라고 부탁하자 사장님은 기꺼이 승낙했다.

ER 프로젝트를 정말로 다시 시작해야 하며, 수익이 날거라 확신한다고 말했다. 사장님은 "좋아 밥, 계획을 짜 보게. 어떻게 수익을 올릴 건지 보여주게. 그렇게 한다면, 그러리라 믿네만, ER 프로젝트를 다시 시작하지."라 말했고, 나는 그 말을 듣고 깜짝 놀랐다.

---

1 특허로 한 푼도 못 벌었다. 고용 계약에 따라 테러다인에 단 돈 1$에 팔아야 했다(그리고 그 1$도 못 받았다).

기대하던 바와 딴판이었다. 기대한 말은, "자네가 옳네 밥. ER 프로젝트를 다시 시작하지. 그리고 어떻게 수익을 올릴지 방법을 찾아내겠네."였다. 하지만 아니었다. 사장님은 짐을 나에게 넘겼다. 그리고 그 짐 때문에 마음이 복잡해졌다. 어찌됐건 나는 소프트웨어를 만지는 사람이지 돈을 만지는 사람이 아니었다. ER 프로젝트를 하고 싶었지만, 손익은 책임지고 싶지 않았다. 하지만 복잡한 심정을 내비치고 싶지 않아서 감사의 말과 함께 사무실을 나오며 다음과 같이 말했다.

"감사합니다, 러스 사장님. 약속드릴 수 있을 것 같아요... 아마도요."

이쯤에서 로이 오쉬로브^{Roy Osherove}를 소개한다. 로이는 방금 한 말이 얼마나 형편없는지 알려준다.

약속을 뜻하는 말

– 로이 오쉬로브 씀

말하고 진심을 담고 실행하라.

약속^{commitment2}을 하는 행동은 세 부분으로 나뉜다.

1. 하겠다고 말한다.

2. 진심을 담는다.

3. 실제로 실행한다.

하지만 이 세 단계를 거치지 않는 사람들을(우리는 아니다, 당연하지!) 너무 자주 만나지 않는가?

- IT 담당자에게 네트워크가 왜 이렇게 느리냐고 물어보면 "그러게요. 진짜로 새 라우터를 사야 한다니까요."라고 대답한다. 당신은 세 단계 중 어떤 것도 일어나지 않으리라는 사실을 눈치챈다.

---

2 commit은 '서약을 하고 열심히 참여한다'는 뜻이 있으므로, 이후 '약속'이란 단어를 보면 commit을 떠올리자. – 옮긴이

- 팀 동료에게 소스코드를 체크인하기 전에 수동 테스트를 하도록 부탁하면 "당연히 그래야지. 오늘 내로 끝났으면 좋겠네."라고 대답한다. 왠지 체크인 전에 정말 테스트를 하긴 했는지 내일 물어봐야 할 것 같은 느낌이 든다.

- 부장님이 사무실을 어슬렁거리다 "작업 속도를 더 올려야 되는데..."라고 중 얼댄다. 실제 작업 속도를 올려야 할 사람은 바로 너라고 부장님이 생각한 다는 사실을 눈치챈다. 부장님은 스스로 무슨 조치를 취할 생각은 없다.

말할 때, 진심을 담은 후 실제로 완료해 내는 사람은 매우 드물다. 몇몇은 말은 진심이지만 절대 행동으로 옮기지 않는다. 아예 약속에 진심을 담지 않는 사람은 훨씬 더 많다. "정말 살 좀 빼야겠는데."라고 말해도, 실천에 옮기지 못할 거라는 사실을 알지 않나? 이런 일은 항상 일어난다.

왜 사람들이 뭔가 하겠다는 말이 대부분 진심으로 하는 약속이 아니라는 이상한 느낌을 계속 받게 될까?

설상가상으로 직감 때문에 종종 궁지에 몰리기도 한다. 때로는 다른 사람이 그저 말만 했을 뿐인데 진심이라고 믿고 싶어진다. 궁지에 몰린 개발자가 2주 걸릴 일을 1주에 끝내겠다는 말을 믿고 싶어진다. 하지만 그래선 안 된다.

직감을 믿는 대신 언어적인 기법으로 사람들의 말이 진심인지 알아낼 수 있다. 스스로도 말할 때 사용하는 단어를 바꾸면 약속의 세 단계 중 1, 2단계는 자연스럽게 해결된다. 뭔가를 약속한다고 말할 때는 진심을 담아야 한다.

약속이 부족함을 알아차리기

뭔가를 하겠다고 약속commitment할 때 사용하는 언어는 실제 일어날 일을 알려주는 표시이므로 잘 살펴야 한다. 사실 이것은 말에 특정 단어가 있는지 찾아보는 이상의 의미를 지닌다. 이런 마법의 단어가 없다면, 진심이 아니거나 말하는 본인조차 실현 가능성이 낮다고 믿고 있을 확률이 높다.

다음에 예를 든 단어나 문구는 약속이 아님을 알려주는 표시다.

- 필요/해야 한다$^{need/should}$: "이걸 끝내야 해." "살 좀 빼야 할 필요가 있어." "누군가는 해야 해."

- 희망/바람$^{hope/wish}$: "내일까지 끝나면 좋겠는데." "언젠가 다시 만나길 바라." "시간이 좀 더 있었으면 좋겠어." "컴퓨터가 더 빨랐으면 좋겠어."

- 하자$^{Let's}$: ("내가..."라는 말은 따라오지 않음) "언제 한번 만나자." "이거 끝내자."

일단 이런 단어를 신경 쓰기 시작하면, 주변 어디서나 이 단어가 들릴 뿐 아니라 자신이 다른 사람에게 말할 때도 이 단어를 사용한다는 사실을 인식하게 된다.

알겠지만 우리는 아무 책임도 지지 않으려 아주 바쁜 척 하는 경향이 있다.

그리고 자신이나 다른 사람이 업무를 볼 때 그 약속을 믿고 의지하는 일은 바람직하지 않다. 겨우 첫걸음을 내디뎠으니, 이제 주변뿐만 아니라 스스로도 약속이 부족하다는 사실을 알아차리기 시작한다.

약속이 아닌 말이 어떤지 살펴봤다. 그렇다면 진정한 약속을 담은 말은 어떻게 구별할 수 있을까?

약속을 뜻하는 말은 어떤 말인가?

앞선 문장에서 공통된 부분은 '내' 손을 벗어난 일이라는 표현이거나 개인적으로 책임을 지지 않으려는 표현이다. 이 경우 사람들은 업무를 통제하려 하지 않고 오히려 상황 때문에 피해자가 된 것처럼 행동한다.

진실은 따로 있다. 스스로 언제나 자신이 제어할 수 있는 무언가가 있어서, 항상 뭔가를 해내겠다고 약속할 여지가 남아 있다.

진심으로 하는 약속인지 아닌지 구별하는 비법은 문장에서 "나는 언제까지 할 것이다(I will ... by ...)"라는 말을 찾아보는 것이다(예: 나는 이번 화요일까지 끝내겠다).

이 문장의 핵심이 뭘까? 명확한 마감 시간을 언급하고 그 시간까지 뭔가를 하겠다는 사실을 서술한 점이다. 스스로에 대한 이야기만 하고 다른 사람 이야기는 꺼내지도 않았다. 뭔가를 하겠다는 행동을 표현했다. '가능하면' 끝내겠다거나 '어쩌면 끝난다'는 말이 아니라, 꼭 완수하려는 의지를 담았다.

이 구두 약속을 피할 방도는 (엄밀히 따지면) 없다. 처리하겠다고 했으니 가능한 결과는 하거나 하지 못하거나 두 가지 경우뿐이다. 완료를 하지 못하면, 사람들이 왜 약속을 못 지켰냐고 따지게 된다. 스스로도 일을 해내지 못했다는 생각에 언짢은 기분이 든다. 다른 사람에게 일을 끝내지 못했다고 말하기가 몹시 거북하다(다른 사람이 그 약속을 들었다면 당연히 거북해야 한다).

무섭지 않은가?

적어도 한 명 이상이 지켜보는 앞에서 어떤 일에 완전한 책임을 져야 한다. 거울이나 컴퓨터 화면 앞에 서 있는 것과는 전혀 다르다. 사람 대 사람으로 다른 사람에게 바로 자신이 해내겠다고 말하는 일이다. 그것이 진심을 담은 약속의 시작이다. 뭔가를 해야만 하는 상황으로 자신을 밀어 넣어야 한다.

말할 때 약속을 담은 단어를 사용하면, 다음 두 단계인 진심을 담고 완수하는 단계로 나아가는 데 도움이 된다.

진심을 담지 못하거나 완수하지 못하게 되는 이유와 해결책을 살펴보자.

이 일을 끝내려면 어떤 사람 X가 꼭 필요하기 때문에 안 될 거야

자신이 모든 상황을 제어할 수 있을 때만 약속을 해야 한다. 예를 들어 다른 팀에 의존하는 모듈을 끝내는 게 목표라면, 다른 팀과 완전히 하나가 되어서라도 모듈을 끝내겠다고 약속하면 안 된다. 다만 목표를 달성하기 위해 아래처럼 구체적인 행동을 한다는 약속은 할 수 있다.

- 인프라스트럭처 팀의 개리 옆에 앉아 모듈의 의존성에 대해 한 시간 정도 대화를 나눈다.
- 인터페이스를 만들어 다른 팀의 인프라스트럭처에 대한 의존성을 추상화한다.

- 이번 주에 빌드 담당자를 최소 세 번 이상 만나, 변경 사항이 회사 빌드 시스템에서 잘 동작하는지 확인한다.
- 개인 빌드를 만들어, 모듈 통합 테스트를 실행한다.

차이점이 보이는가?

어쨌거나 다른 사람에게 의존하긴 하지만, 목표 달성을 위해 구체적으로 어떤 일을 하겠다는 약속은 해야 한다.

어떻게 해야 할지 방법을 모르기 때문에 안 될 거야

어떻게 할지 몰라도, 목표를 달성하기 위해 어떤 행동을 하겠다는 약속은 할 수 있다. 방법을 찾아내겠다고 약속하는 길도 있다!

출시 전 남은 오류 25개를 모두 고치겠다고 (아마도 불가능한) 약속을 하는 대신, 목적을 달성하기 위해 다음처럼 노력하겠다고 약속한다.

- 25개 오류를 모두 조사하고 재현해본다.
- 각 오류를 발견한 OA와 함께 오류를 재현해본다.
- 이번 주에는 오류 수정에만 전념한다.

가끔은 어쩔 도리가 없을 때도 있어서 안 될 거야

그럴 때도 있다. 살다 보면 예상치 못한 일이 일어나기도 한다. 그래도 예상했던 목표를 맞추고 싶다면, 지금 당장 예상치를 바꿔야 한다.

약속을 지키지 못하겠다면, 당장 약속한 사람에게 경고의 붉은 깃발을 휘두르는 일이 가장 중요하다.

이해관계자들에게 깃발을 올리는 일이 이를수록, 작업 중지 후 현재 활동을 재평가하고 끝내거나 바꿀 만한 일이 있는지(예를 들어 우선순위 조정) 살펴볼 시간이 많아진다. 이렇게 하면 약속을 지킬 수 있게 되거나 다른 약속으로 바꿀 수 있다.

예를 들어보자.

- 정오에 시내 카페에서 동료들과 회의하기로 했는데 차가 막혀 약속 시간을 맞출 수 있을지 의구심이 든다. 늦을지도 모른다는 생각이 든다면 즉시 동료에게 전화를 걸어 알려야 한다. 가까운 장소로 바꾸거나 회의를 연기할 수 있다.

- 해결할 만해 보였던 오류가 생각보다 심각하다는 사실을 알게 됐다면, 깃발을 들어야 한다. 팀은 약속을 지켜내야 할지(짝을 이뤄 작업, 다른 해결 방법 검토, 브레인스토밍) 아니면 우선순위를 바꿔 다른 간단한 오류를 할당해야 할지 정한다.

핵심은 다음과 같다. 문제가 될지도 모르는 사실을 다른 사람에게 즉시 알리지 않으면, 약속을 완수하는 데 필요한 도움을 얻을 기회를 스스로 뺏게 된다.

요약

약속의 뜻을 담은 언어의 사용은 얼핏 두려워 보이지만, 오늘날 프로그래머들이 맞닥뜨리는 여러 의사소통 문제들, 즉 추정, 마감일, 마주보고 하는 대화에서 생기는 사고를 해결하는 데 도움이 된다. 내뱉은 말은 지키는 진지한 개발자로 인정받게 되고, 이는 이 업계에서 개발자들이 바라는 최고의 일이다.

예라고 말하는 법 익히기

로이에게 이 글을 싣게 해 달라고 부탁한 이유는 이 글이 내 가슴 속 무언가를 움직였기 때문이다. 아니라고 말하는 법을 계속 설교했지만, 예라고 말하는 법 또한 중요하다.

노력의 또 다른 면

피터가 평가 엔진 수정을 책임지고 있다고 상상해보자. 피터는 5일이나 6일이 걸릴 거라 추정했다. 또한 수정 사항을 문서로 정리하는 데 몇 시간 정도 더 필요하다고 생각했다. 월요일 아침 관리자 마지가 현재 상태가 어떤지 물었다.

마지: "피터, 평가 엔진 수정을 금요일까지 끝낼 수 있나요?"

피터: "가능하다고 생각해요."

마지: "문서 작업까지 포함해서요?"

피터: "문서 작업까지 끝내도록 노력해볼게요."

마지는 피터의 말 속에 숨겨진 동요를 눈치채지 못한 듯 보인다. 보다시피 피터는 확실히 약속하지 않았다. 마지의 질문은 대답으로 참이냐 거짓이냐를 요구했는데 피터의 응답은 애매모호했다.

노력^{try}이란 단어를 잘못 사용한 점을 눈여겨보자. 2장에서 노력이란 '추가로 힘을 쏟는다'는 뜻이라 정의했다. 하지만 피터는 '어쩌면 되고 어쩌면 안 되는'이라고 정의했다.

피터는 아래와 같이 응답하는 편이 나았다.

마지: "피터, 평가 엔진 수정을 금요일까지 끝낼 수 있나요?"

피터: "가능할 겁니다. 하지만 월요일에 끝날지도 몰라요."

마지: "문서 작업까지 포함해서요?"

피터: "문서 작업은 몇 시간 걸리니까 월요일에 끝낼 수도 있어요. 하지만 화요일까지 늦어질지도 몰라요."

피터는 이전보다 정직한 언어를 사용했다. 마지에게 확신이 없음을 보였다. 그 정도 불확실함은 마지가 감당할 수 있다. 불확실함을 숨기면 오히려 감당하기 힘들다.

원칙을 가지고 의사소통하기

　마지: "피터, 예 아니면 아니요라고 확실히 대답해주세요. 평가 엔진 수정을 금요일까지 끝낼 수 있나요?"

완벽하고 공정한 질문이다. 마지는 일정을 지켜야 하기 때문에 확실한 대답이 필요하다. 피터는 어떻게 응답해야 할까?

　피터: "마지, 그런 경우라면 아니라고 답할 수밖에 없네요. 수정과 문서 작업까지 끝난다고 확실히 장담할 수 있는 날은 화요일이에요."
　마지: "화요일로 약속하는 건가요?"
　피터: "네, 화요일까지 확실히 준비해 놓을게요."

그런데 마지 입장에서 수정과 문서 작업이 금요일까지 반드시 끝나야 한다면 어떻게 될까?

　마지: "피터, 화요일이면 문제가 심각한데요. 기술 문서 담당 윌리가 월요일부터 시간이 나거든요. 5일 안에 사용자 안내서를 끝내야 해요. 평가 엔진 문서가 월요일 아침까지 준비되지 않으면, 윌리는 절대 일정을 못 맞춰

요. 문서 작업을 먼저 끝낼 수 있나요?"

피터: "아니요, 수정이 먼저 끝나야 돼요. 테스트 실행 결과가 있어야 문서 작업을 할 수 있거든요."

마지: "그러면 수정과 문서 작업을 월요일 아침까지 끝낼 방법은 없나요?"

이제 피터는 결정을 내려야 한다. 평가 엔진 수정은 금요일에 끝날 확률이 꽤 높다. 어쩌면 퇴근 전에 문서 작업까지 끝날지도 모른다. 기대보다 더 오래 걸리면 토요일에 몇 시간 일할 수도 있다. 그렇다면 마지에게 무슨 말을 해야 할까?

피터: "마지, 토요일에 몇 시간 특근하면 월요일 아침까지 다 끝날 가능성이 커요."

이 말로 마지의 문제가 풀릴까? 아니다. 단지 확률을 바꿨을 뿐이므로 피터는 그 사실을 정확히 전달해야 한다.

마지: "월요일 아침에 끝난다고 믿어도 되나요?"
피터: "십중팔구는요. 확실하진 않고요."

마지에겐 충분하지 않다.

마지: "피터, 확실하게 알아야 돼요. 월요일 아침까지 끝낸다고 약속할 수 있는 방법이 정말 하나도 없나요?"

이 시점에서 피터는 원칙을 깨고 싶다는 유혹을 받는다. 테스트를 작성하지 않으면 빨리 끝날지 모른다. 리팩터링을 하지 않으면 빨리 끝날지 모른다. 전체 회귀 테스트 묶음을 실행하지 않으면 빨리 끝날지 모른다.

여기가 바로 프로가 선을 그어야 할 자리다. 첫째, 피터의 가정은 틀렸다. 테스트를 작성하지 않아도 빨리 끝나지 않는다. 리팩터링을 하지 않아도 빨리 끝나지 않는다. 전체 회귀 테스트 묶음을 생략해도 빨리 끝나지 않는다. 수년간의 경험을 통해 원칙을 깨면 느려질 뿐이라는 사실을 알게 됐다.

둘째, 특정 수준을 만족시켜야 할 책임이 있다. 코드를 테스트해야 하고, 테스트 코드를 작성해야 한다. 코드가 깔끔해야 한다. 또한 시스템의 다른 부분을 망가뜨리지 않았다고 확신해야 한다.

피터는 프로로서 이 기준을 지키기로 이미 약속했다. 이 약속은 다른 모든 약속보다 더 중요한 약속이다. 따라서 이런 저런 생각은 그만둬야 한다.

> 피터: "아니요, 마지. 화요일 전에 끝난다고 확신할 수 있는 방법은 정말 없어요. 일정을 어지럽혔다면 미안하지만, 어쩔 수 없는 상황이에요."
>
> 마지: "망할. 더 일찍 안 끝나면 정말 안 되는데, 확실해요?"
>
> 피터: "확실해요. 화요일까지 늦어질 가능성이 있어요."
>
> 마지: "알았어요. 윌리랑 이야기해서 일정을 조정할 수 있는지 알아봐야겠네요."

이 경우 마지는 피터의 대답을 받아들이고 다른 가능성을 쫓고 있다. 하지만 다른 선택의 여지가 전혀 없다면 어떻게 될까? 피터가 마지막 희망이라면?

> 마지: "저기요, 피터. 부담이 크다는 건 알고 있지만, 월요일까지 끝낼 방법

을 꼭 찾아주셨으면 해요. 정말 중요한 일이거든요. 방법이 없을까요?"

이제 피터는 주말 대부분을 일해야 할지도 모르는 상당한 초과 근무를 고려해보기 시작했다. 그럴 체력이 있는지 따질 때는 자신에게 아주 정직해야 한다. 주말에 일을 많이 하겠다고 말하기는 쉽다. 실제 높은 품질을 유지하기 위해 기력을 모으는 일은 말로만 떠드는 것보다 훨씬 어렵다.

프로는 자신의 한계를 안다. 효과적으로 일할 수 있는 초과 근무 시간이 어느 정도인지, 그 대가가 뭔지 안다.

이번 경우 피터는 주중에 몇 시간과 주말에 몇 시간 추가 근무면 충분하다는 데 꽤 확신이 들었다.

> 피터: "좋아요, 마지. 잘 들으세요. 집에 전화해서 주말에 출근한다고 말해둘게요. 가족들이 괜찮다고 하면 월요일까지 끝내 놓을게요. 월요일 아침에는 별 탈 없이 잘 돌아가는지 윌리에게 확인까지 받을 겁니다. 하지만 그런 다음 바로 퇴근해서 수요일에 출근할 겁니다. 괜찮겠어요?"

완벽하고 공정하다. 피터는 초과 근무하면 수정과 문서 작업이 끝난다는 사실을 안다. 또한 초과 근무 후 이틀 정도는 녹초가 된다는 사실도 안다.

결론

프로는 모든 업무 요청에 예라고 대답할 필요가 없다. 하지만, "예"라고 대답할 수 있는 창의적인 방법을 찾는 데 고심해야 한다. 프로가 예라고 대답할 때는 약속을 뜻하는 언어를 사용해서 내뱉은 말에 모호한 부분이 없도록 해야 한다.

4장

코딩

지난번 책 『클린 코드』[1]에서 깔끔한 코드^{Clean code}의 구조와 성질에 대해 많은 이야기를 했다. 4장에서는 코드를 짜는 행위와 그 행위 주변 상황에 대해 논의해볼까 한다. 18살 때 타이핑을 그럭저럭 잘 했지만, 자판을 보고 치는 수준이었다. 그래서 어느 날 저녁 몇 시간 정도 시간을 내, IBM 029에서 이미 여러 방식으로 작성해본 프로그램을, 이번에는 손가락을 보지 않고 타이핑해서 프로그래밍하는 연습을 했다. 타이핑 후 천공 카드를 검사해서 잘못된 카드는 버렸다.

---

1 로버트 마틴의 『클린 코드』(케이앤피IT, 2010)

처음에는 자주 오타를 냈지만, 연습이 끝날 무렵에는 거의 완벽하게 타이핑했다. 그날 밤 오랜 시간 연습하다 보니, 보지 않고 타이핑하는 비결은 자신감이라는 사실을 깨달았다. 손가락이 자판의 배열을 외우고 있어서 실수하지 않는다는 자신감만 끌어 모으면 됐다. 잘못 쳤을 때는 느낌이 온다는 사실이 자신감을 가지는 데 도움이 됐다. 연습이 끝날 무렵에는 실수를 하는 즉시 알아채서 천공 카드를 보지도 않고 버렸다.

오류를 느끼는 감각은 정말 중요하다. 타이핑뿐만 아니라 모든 일에 해당된다. 오류 감각error-sense을 가진다는 사실은 피드백 루프feedback loop를 재빨리 끝내 오류에서 배움을 얻는 일이 더 빨라진다는 뜻이다. IBM 029에서 연습한 그날 이후로 여러 원칙을 공부해 통달했다. 그러면서 어떤 일에 통달하는 비법은 자신감과 오류를 느끼는 감각이라는 사실을 깨달았다.

이번 4장에서는 코딩에 대해 개인적으로 세운 규칙과 원칙을 설명하려 한다. 이 규칙과 원칙은 코드 차체에 대한 규칙과 원칙이 아니라, 코드를 짤 때 행동과 기분, 태도에 대한 규칙과 원칙이다. 코드 작성에 대한 정신 상태, 윤리, 정서적 흐름을 설명한다. 이 규칙과 원칙은 나의 자신감과 오류 감각의 근본이다.

4장에 나온 내용 중 일부에는 동의하지 않을지도 모른다. 따져보면 굉장히 개인적인 내용이기 때문이다. 솔직히 말해 몇몇 태도와 원칙에는 동의하지 않는 정도가 아니라 격렬히 반대할지도 모른다. 괜찮다. 내 원칙을 다른 사람에게도 절대적인 진리로 만들고픈 의도는 없다. 프로 개발자가 되기 위한 한 개인의 접근 방식일 뿐이다.

내 개인 코딩 환경을 공부하고 꼼꼼히 살피다 보면 자연스레 몇 가지 요령을 얻게 될 것이다.

준비된 자세

코딩은 어려운 데다 사람을 지치게 하는 지적 활동이다. 다른 훈련에서는 찾기 힘든 일정 수준의 농축된 집중력이 필요하다. 여러 대립 요소를 한꺼번에 교묘히 양립시켜 다뤄야 하기 때문이다.

1. 첫째, 코드는 반드시 동작해야 한다. 풀고자 하는 문제가 어떤 문제며 어떻게 풀어야 하는지 확실히 이해해야 한다. 해결법을 나타낸 코드에 믿음이 가는지 확인해야 한다. 해결법의 언어, 플랫폼, 현재 아키텍처, 시스템의 모든 결점까지 구석구석 지속적으로 관리해야 한다.

2. 코드는 고객이 제시한 문제를 반드시 풀어야 한다. 간혹 알고 보니 고객의 요구사항이 고객의 문제를 해결하는 데 도움이 안 되는 경우도 있다. 이런 상황을 파악하고 고객과 협상해 고객의 진정한 필요를 충족시키는 일은 당신에게 달렸다.

3. 코드는 기존 시스템에 잘 녹아들어야 한다. 기존 시스템의 경직성, 취약함, 불투명도를 높이면 안 된다. 의존성도 잘 관리해야 한다. 한 마디로 코드는 견고한^{SOLID2} 객체지향 원칙을 따라야 한다.

4. 코드는 다른 프로그래머가 읽기 쉬워야 한다. 주석을 잘 쓰라는 단순한 조언이 아니다. 만든 사람의 의도가 드러나도록 코드를 잘 다듬어야 한다는 뜻이다. 이는 어려운 작업이다. 사실 프로그래머가 통달^{master}하기 가장 어려운 일이 아닐까 싶다.

여러 관심사항을 한 번에 교묘히 다루기는 힘들다. 오랜 시간 강한 집중이 필요한데 생리적으로 힘든 일이다. 또한 문제 해결이나 팀과 조직에서 일할 때 주의력이 흐트러지는 현상이나 일상 생활에서 발생하는 걱정까지 더해진다. 요컨대 주의력을 흐트러뜨리는 일이 많다.

충분히 강하게 집중하지 못하면 잘못된 코드를 만들게 된다. 코드에 오류가 섞이고 구조는 엉뚱하며 이해하기 힘든 뒤얽힌 코드가 된다. 고객의 진짜 문제를 해결하지 못한다. 한 마디로 뜯어 고치거나 다시 만들어야 한다. 주의가 산만하

---

2   로버트 마틴의 『소프트웨어 개발의 지혜』(야스미디어, 2004)

면 쓰레기를 만들게 된다.

지치거나 주의력이 흩어졌다면 코드를 만들지 마라. 해봤자 결국 재작업해야 한다. 차라리 산만하게 만드는 원인을 없애고 정신을 집중할 방법을 찾아라.

새벽 3시에 짠 코드

내가 짠 코드 중 가장 엉망이었던 코드는 새벽 3시에 짠 코드였다. 1988년 클리어 커뮤니케이션이라는 신생 통신업체에서 일한 적이 있다. 노동지분$^{sweat\ equity}$형 회사를 만들기 위해 긴 시간 열심히 노력했다. 당연히 모두 부자가 될 꿈을 꾸고 있었다.

어느 늦은 밤 어쩌면 이른 새벽에 타이밍 문제를 해결하려고 이벤트 발송 시스템을 통해 자기 자신에게 메시지를 보내는 코드를 작성했다(이를 '메일 발송'이라 불렀다). 아주 잘못된 해결책이었지만 새벽 3시에는 아주 훌륭해 보였다. 사실 18시간 고되게 코딩한 뒤였기에 (주당 60-70시간 근무는 당연) 떠오르는 생각이 이 뿐이었다.

당시에는 오랜 시간 일한 자신이 대견했다. 헌신한다는 느낌이었다. 새벽 3시까지 일하는 것을 진지한 프로의 모습이라 생각했다. 얼마나 어처구니없는 생각인가!

그때 만든 코드는 두고두고 골칫거리가 됐다. 잘못된 설계 구조 때문에 모두가 우회로를 찾아야 했다. 수많은 타이밍 오류와 괴이한 피드백 루프가 생겼다. 하나의 메시지가 다른 메시지를 보내고 그 메시지가 또 다른 메시지를 보내는 무한 메일 루프가 생겼다. 이 코드 덩어리를 다시 만들 시간은 없었지만(우리 생각은 그랬다), 자기도 모르는 사이에 새로운 결점을 만들거나 우회로를 기워 붙이느라 항상 시간을 허비했다. 이 골칫덩이는 새벽 3시에 작성한 코드를 중심으로 점점 자라나 엄청난 부작용을 일으키는 큰 짐 덩어리가 됐다. 몇 년이 지나자 나는 팀에서 우스갯거리가 됐다. 내가 지치거나 힘들어 할 때마다 사람들이 놀

려댔다. "저기 봐! 밥이 자신에게 메일을 보내는 중인가 봐!"

이 이야기의 핵심은 다음과 같다. 지쳤을 때는 코드를 만들지 마라. 헌신과 프로다운 모습은 무턱대고 많이 일하는 데서가 아니라 원칙을 지키는 모습에서 나온다. 충분히 자고 건강을 챙기고 건전한 생활습관으로 하루에 8시간씩 충실히 일하자.

근심이 담긴 코드

배우자나 친구와 크게 싸운 뒤 코드를 작성한 적이 있는가? 화해하는 법을 찾거나 싸움을 돌이켜보는 백그라운드 프로세스가 돌고 있다는 사실을 눈치챘는가? 가끔은 가슴 속이나 뱃속 깊은 곳에서 돌아가는 백그라운드 프로세스의 스트레스를 느끼기도 한다. 커피나 다이어트 콜라를 너무 많이 마신 것처럼 불안해지고 일에 방해가 된다.

부인과 말다툼을 하거나 고객과 험한 대화를 나눴다거나 아이가 아프거나 하면 일에 몰두가 안 되고 집중이 흐트러진다. 눈은 화면을 쳐다보고 손가락은 키보드에 올라가 있지만 아무 일도 못한다. 심한 긴장 상태가 계속된다.

온 몸이 마비된다. 마음 속에서 수만 리 떨어진 곳의 문제를 푸느라 눈 앞의 코딩 문제는 신경 쓰지도 않는다.

때로는 코드를 생각하도록 스스로를 몰아붙인다. 한두 줄의 코드를 작성하도록 자신을 떠민다. 테스트 한두 개를 통과하도록 자신을 밀어붙인다. 하지만 계속 떠밀지 못한다. 결국 흐리멍덩한 인사불성 상태가 되어, 멍한 눈에는 아무것도 보이지 않고, 걱정 속으로 깊이 휘말려 들어간다.

이럴 때는 코딩을 하면 안 된다는 사실을 배우게 됐다. 이때 만든 코드는 모두 쓰레기다. 따라서 코딩을 하는 대신 근심을 풀어야 한다.

물론 한두 시간 안에 간단히 해결되는 걱정거리는 많지 않다. 더구나 회사는 개인적인 문제를 푸느라 일을 못하는 직원을 그리 오래 참지 않을 듯 보인다. 백그라운드 프로세스를 끄는 법을 익히거나 적어도 프로세스 우선순위를 낮추어 계속 방해거리가 되지 않도록 만드는 게 요령이다.

나는 시간을 나누는 방법으로 이 문제를 해결했다. 백그라운드 걱정거리가 나를 괴롭히는 동안은 코딩하도록 스스로를 몰아붙이기보다, 일정 길이의 시간, 보통 한 시간 정도로 시간을 마련해 근심의 원인이 되는 문제를 해결하는 데 시간을 썼다. 아이가 아프면 집에 전화해 확인한다. 부인과 말다툼을 했다면 전화해서 진지한 대화를 한다. 돈 문제라면 시간을 내 재정 문제를 어찌 처리할지 고민한다. 한 시간 정도로는 문제가 풀릴 가능성이 작지만 근심 걱정이 줄고 백그라운드 프로세스가 조용해질 가능성은 크다.

이상적으로는 개인 문제에 힘쓰는 일은 개인 시간에 해야 한다. 회사에서 이런 식으로 한 시간을 소비하는 것은 부끄러운 일이다. 프로 개발자는 시간을 잘 나눠 사무실에서 쓰는 시간은 가능한 생산적으로 만들기 위해 노력한다. 이는 집에서 특별히 따로 시간을 마련해 걱정거리를 진정시켜 사무실까지 걱정을 가져오지 않도록 해야 한다는 뜻이다.

반면 사무실에서 백그라운드 근심이 생산성을 빨아먹는다는 사실을 느꼈다면, 한 시간 정도 시간 내 근심을 멈추는 일이 어차피 나중에 버려야 할(더 심하게는 계속 끌어안고 가야 할) 코드를 짜도록 자신을 밀어붙이는 것보다 낫다.

몰입 영역

'몰입flow'으로 알려진 극도로 생산적인 상태에 대한 글이 많다. 어떤 프로그래머들은 '영역zone'이라 부르기도 한다. 뭐라 부르든 간에 익숙한 개념일 것이다. 몰입은 프로그래머들이 코딩을 하는 동안 빠져드는 고도로 집중한 의식의 터널시야tunnel-vision 상태다. 이 상태에서 그들은 생산적이라 느낀다. 자신이 절대 옳다고 느낀다. 따라서 그 상태에 들어가고 싶어 하고 종종 몰입 상태에 얼마나 있었는지를 따져 스스로의 가치를 재기도 한다.

몰입 경험을 꽤나 해본 사람으로서 여러분에게 조언을 하나 하고 싶다. 몰입에 빠지지 마라. 이 의식 상태는 사실 극도로 생산적이지도 않고 당연히 절대 옳은 상태도 아니다. 단지 가볍게 명상에 잠겨 속도 감각에 몰두한 나머지 확실한 이성적 판단이 흐려진 상태다.

이에 대해 명확히 밝혀보자. 영역에 빠지면 더 많은 코드를 쓰려 한다. TDD 연습 중이라면 빨간색/녹색/리팩터refoctor 주기를 더 빨리 돌리려 한다. 잔잔한 도취감이나 정복감을 느끼려 한다. 문제는 영역에 빠진 상태에서는 큰 그림을 놓쳐, 나중에 되돌려야 할 결정을 내리기 쉽다는 점이다. 영역에 빠진 상태에선 빠르게 코드를 만들지만, 나중에 다시 들러 살펴야 할 것이다.

요즘엔 영역에 빠져 들어간다고 느끼면, 몇 분간 산책을 간다. 이메일에 답장을 쓰며 머리를 비우고 트위터를 본다. 정오가 다 됐으면 점심을 먹으러 간다. 팀에서 일한다면 짝 프로그래밍을 한다.

짝 프로그래밍이 주는 여러 이점 중 하나는 영역에 빠질 가능성이 없다는 점이다. 영역은 의사소통을 하지 않는 상태이지만, 짝 프로그래밍은 강하고 끊임없는 의사소통이 필요하다. 사실 내가 짝 프로그래밍에 대해 자주 듣는 불평 중 하나는 영역에 들어가는 게 힘들어진다는 점이다. 훌륭하다! 영역은 빠지지 않는 게 더 좋은 곳이다.

음, 방금 한 말은 언제나 사실은 아니다. 훈련을 할 때는 반드시 영역에 빠져야 한다. 이 이야기는 다른 부분에서 살펴볼 것이다.

음악

70년대 말 테러다인에서 일할 때 나는 개인 사무실이 있었다. PDP 11/60 시스템 관리자라서 개인 단말기가 허용된 몇 안 되는 프로그래머였다. 터미널은 VT100이었는데 9600보드 속도로 동작했고 사무실에서 전산실까지는 천정에 매달린 25m짜리 RS232 케이블로 PDP 11에 연결됐다.

사무실에는 오래된 턴테이블, 앰프, 대형 스피커가 포함된 스테레오 시스템이 있었다. 나는 레드 제플린, 핑크플로이드 등 LP 음반 수집에 몰두하고 있었다. 대충 그림이 그려질 것이다.

LP 음반을 돌린 다음에 코딩을 하곤 했다. 그때는 집중에 도움이 된다 생각했다. 하지만 잘못된 생각이었다.

어느 날 핑크플로이드의 '더 월The Wall' 도입부를 들으며 작성했던 모듈을 다시 살펴봤더니, 주석에는 노래 가사에다 폭격기와 우는 아기에 대한 논평이 적혀 있었다.

그때서야 퍼뜩 깨달았다. 코드를 읽다 보니 코드 작성자(나)의 음악 수집품에 대한 지식이나 알게 됐고 정작 어떤 문제를 풀려고 코드를 만들었는지는 배울 수 없었다.

음악을 들을 때는 코드를 잘 짜지 못한다는 단순한 사실을 깨달았다. 음악은 집중에 도움이 안 된다. 사실 음악을 듣는 행위는 깔끔하고 잘 설계된 코드를 쓰기 위해 정신이 필요로 하는 필수적인 자원을 소비한다.

어쩌면 당신은 그렇지 않을지도 모른다. 어쩌면 음악이 코드를 작성하는 데 도움이 될지도 모른다. 나는 코드를 짤 때 이어폰 쓰고 하는 사람을 많이 안다. 음악이 도움이 될 수 있다고 인정하지만 사실 음악은 영역에 들어가는 데 도움이 되는 게 아닌가 하는 의심이 된다.

외부 방해

사무실에서 코딩하는 자신의 모습을 그려보자. 다른 사람이 질문하면 어떻게 반응하는가? 신경질을 내는가? 노려보나? 바쁘니까 저리 가라는 몸짓을 하나? 한마디로 무례하게 구는가?

혹은 하던 일을 멈추고 예의 바르게 곤란에 빠진 사람을 돕는가? 자신이 곤란할 때 다른 이들이 해줬으면 하는 대로 곤란한 사람을 대하는가?

무례한 반응은 종종 영역에 빠져 있을 때 나온다. 영역에서 끌려 나왔거나 영역에 들어가려는 시도가 방해를 받아서 짜증이 났을 것이다. 어느 쪽이건 무례함은 영역과 관련 있다.

가끔 영역 탓이 아닌 때도 있다. 복잡한 내용을 이해하려 노력할 때는 집중이 필요하기 때문이다. 이 경우는 몇 가지 해결책이 있다.

짝 프로그래밍은 외부 방해를 다루는 데 매우 도움된다. 전화를 받거나 동료의 질문을 받는 동안 풀고 있던 문제의 흐름^{context}은 짝이 유지한다. 프로그래밍으로 돌아왔을 때, 방해를 받기 전의 정신 흐름으로 돌아오도록 짝이 재빨리 도와준다.

TDD 또한 큰 도움이 된다. 실패한 테스트는 당시의 흐름을 유지한다. 방해가 사라진 후 실패한 테스트가 통과하도록 일하다 보면 흐름으로 돌아갈 수 있다.

물론 외부 방해는 어떻게든 찾아와서 우리를 산만하게 만들고 시간을 낭비하게 만든다. 방해가 찾아오면, 다음 번에는 자신이 남을 방해할 필요가 있을지도 모른다는 사실을 기억하라. 그래서 프로다운 태도로 예의 바르게 기꺼이 도와야 한다.

진퇴양난에 빠진 글쟁이

어떤 때는 그저 코드가 안 나오기도 한다. 나도 겪은 적 있다. 다른 사람에게 일어나는 일도 봤다. 자리에 앉아보지만 아무 일도 생기지 않는다.

이럴 땐 종종 다른 업무를 찾거나 메일을 읽거나 트위터를 보기도 한다. 책이나 일정, 문서를 들춰보기도 한다. 회의를 모집하거나 다른 사람과 대화를 시도한다. 컴퓨터 앞에 앉아 나오지 않는 코드를 살피는 일만 피할 수 있으면 어떤 일이든 하려 한다.

무엇이 이런 진퇴양난^{writer's block}을 유발하는가? 앞에서 말한 여러 요소가 원인이 된다. 내게 있어 주요 원인은 수면이다. 잠을 충분히 자지 못하면 코딩을 못한다. 나머지 요소는 걱정, 불안, 우울이다.

이상하게 생각될지도 모르지만 간단한 해결법이 있다. 거의 대부분 통하는 방법이다. 실행하기 쉬운 해결법인데다, 하다보면 탄력이 붙어 수많은 코드를 쓰게 된다.

그 해결책은 바로 짝을 찾아 짝 프로그래밍을 하는 것이다.

너무 잘 돼서 무시무시할 정도다. 다른 사람 옆에 앉자마자 당신을 막던 문제는 녹아 없어진다. 다른 사람과 같이 일하면 생리적인 변화가 일어난다. 어떤 변화인지는 모르지만, 확실히 느껴진다. 화학적 변화가 뇌와 몸에 일어나 막힘block을 깨고 다시 나아가게 한다.

완벽한 해결책은 아니다. 어떤 때는 이 변화가 한두 시간 정도만 지속되어서, 결국 기진맥진해진 나머지 짝 프로그래밍을 관두고 회복에 필요한 다른 동굴을 찾기도 한다. 어떤 때는 다른 사람과 같이 앉아도 내가 할 수 있는 일이라곤 다른 사람이 하는 일에 고개를 끄덕이는 일뿐이다. 하지만 내 경우 보통 짝 프로그래밍을 하면 기운을 회복하게 된다.

창의적인 입력

막힘을 방지하는 다른 방법도 있다. 오래 전 나는 창의적인 출력은 창의적인 입력에 의존한다는 사실을 알게 됐다.

나는 이것저것 가리지 않고 닥치는 대로 읽는 편이다. 소프트웨어, 정치, 생물학, 천문학, 물리학, 화학, 수학 외에도 여러 많은 분야의 글을 읽는다. 그러나 여러 분야 중에서도 창의적인 결과를 가장 잘 불러 일으키는 분야는 공상과학소설임을 알게 됐다.

아마도 사람들마다 다른 뭔가가 있을 것이다. 어쩌면 좋은 추리소설이나 시, 연애소설일지도 모른다. 중요한 사실은 창의력이 창의력을 낳는다는 점이다. 현실도피의 요소도 있다. 일상의 문제에서 벗어나 도전적이고 창의적인 아이디어에 강하게 자극을 받으며 시간을 보내다 보면, 그 결과 스스로 무엇인가를 창조해야 한다는 도저히 거부하기 힘든 압박이 따라온다.

창의적인 입력이지만 내겐 안 통하는 것도 있다. TV 보는 건 보통 창의적이 되는 데 도움이 안 된다. 영화를 보러 가는 게 낫지만, 조금 나을 뿐이다. 음악 감상은 코드를 쓰는 데는 도움이 안 되지만 발표 준비, 대화, 동영상 만드는 데는 도움된다. 다양한 창의적 입력 중에 내게 가장 잘 통하는 입력은 훌륭하고 오래된 우주여행이나 외계인이 나오는 공상과학소설이다.

디버깅

내 경력에서 가장 끔찍했던 디버깅은 1972년에 했던 디버깅이었다. 운송노동조합 회계 시스템에 연결된 단말기가 하루에 한두 번씩 멈췄다. 강제로 재현할 방법이 없었다. 오류는 특정 단말기나 특정 애플리케이션을 가리지 않았다. 멈추기 직전 사용자가 어떤 행동을 했는지도 상관없었다. 일분 정도 멀쩡히 잘 돌아가다 다음 순간 손쓸 수 없이 얼어붙었다.

문제 진단에만 일주일이 걸렸다. 그 동안 운송노동조합은 점점 더 심기가 불편해졌다. 단말기가 멈추면 해당 단말기 사용자는 다른 모든 사용자들이 업무를 마칠 때까지 기다려야만 했다. 그 다음 우리에게 전화를 걸고 우리는 시스템을 재시작했다. 끔찍한 악몽이었다.

처음 몇 주는 그저 멈춤 현상을 겪은 사람들과 이야기하며 정보를 모으느라 허비했다. 단말기가 멈출 때 어떤 행동을 했는지, 멈추기 전에는 어떤 작업을 처리했는지를 물었다. 다른 사용자에게는 그 시간에 사용하던 단말기에서 뭔가 본게 없는지를 물었다. 단말기가 시카고 시내에 있었기 때문에 이 대화는 모두 전화로 했다. 우리는 북쪽으로 45km 떨어진 외진 곳에서 일하고 있었다.

로그도 없었고, 카운터도 없었고, 디버거도 없었다. 시스템 내부로 통하는 유일한 방법은 전면 패널에 있는 전구와 토글 스위치가 전부였다. 우리는 컴퓨터를 멈춘 다음, 한 번에 1워드^{word}씩 메모리를 들여다보며 돌아다녔다. 하지만 노조에서 시스템을 사용해야 했기 때문에, 5분 이상 할 수 없었다.

며칠을 투자해 콘솔로 사용하는 ARS-33 텔레타이프에서 조작 가능한 간단한 실시간 조사관 프로그램을 만들었다. 이 조사관 프로그램 덕분에 시스템이 돌아가는 중에도 메모리 여기저기를 찌르며 돌아다닐 수 있었다. 로그 메시지를 추가해 결정적 순간에 텔레타이프로 출력되게 만들었다. 메모리 상주 카운터를 만들어 모든 이벤트를 기록하고 상태 역사를 기억하도록 해 조사관 프로그램으로 조사할 수 있게 됐다. 그리고 물론, 이 모든 것들은 맨땅에서 어셈블리로 만들었고 시스템을 사용하지 않는 저녁시간에 테스트했다.

단말기는 인터럽트 주도 방식이었다. 단말기로 보내진 문자 데이터는 원형 버퍼에 보관됐다. 직렬포트가 문자를 보낼 때마다 인터럽트가 발생해 원형 버퍼에 있는 다음 문자를 전송 준비 상태로 만들었다.

마침내 단말기가 얼어붙는 원인을 찾았는데, 원형 버퍼를 관리하는 세 개의 변수가 동기화되지 않았기 때문이었다. 왜 이렇게 됐는지는 전혀 알 수 없었지만, 최소한 단서는 생겼다. 5천 줄짜리 관리 코드 어딘가에 세 개의 포인터 중 하나를 잘못 다루는 오류가 있었다.

새롭게 알게 된 이 사실 덕분에 얼어붙은 단말기를 수동으로나마 녹일 수 있게 됐다! 조사관 프로그램을 사용해 그 세 변수에 기본값을 찔러 넣자 단말기가 마술처럼 다시 작동했다. 결국 우리는 모든 카운터를 조사해서 정렬이 어긋나는지 살피고 어긋난 정렬을 고치는 작은 꼼수^{hack}를 만들었다. 처음에는 운송노조에서 멈췄다고 전화할 때마다 전면 패널에 있는 사용자 인터럽트 스위치를 눌러 꼼수를 실행했다. 나중에는 그냥 수리 유틸리티를 만들어 매 초마다 돌렸다.

한 달 정도 지나자 멈춤 문제가 대부분 사라져 노조가 신경 쓰지 않을 정도가 됐다. 가끔 단말기가 0.5초 정도 멈추기는 했지만 기저 속도^{base rate}가 초당 30문자에 불과했기에 아무도 눈치채지 못했다.

하지만 왜 카운터 정렬이 어긋날까? 19살이었던 나는 알아내기로 결심했다.

관리 코드는 리차드가 짰는데, 리차드는 퇴사 후 대학에 들어갔다. 남은 사람은 아무도 그 코드에 익숙하지 못했는데, 리차드가 코드를 개인 소유물로 다뤘기 때문이다. 그 코드는 리차드 소유였고 나머지는 접근할 수 없었다. 하지만 이미 리차드는 퇴사했다. 어쩔 수 없이 두께가 몇 센티나 되는 내용을 출력해서 한 장씩 조사하기 시작했다.

시스템에 있는 원형 큐는 단순한 FIFO 자료 구조였다, 한마디로 그냥 큐였다. 애플리케이션은 문자를 큐가 꽉 찰 때까지 큐의 한쪽 끝에 밀어 넣었다. 프린터가 문자를 출력할 준비가 되면 인터럽트 헤드는 큐의 반대편 끝에서 문자를 끄집어냈다. 큐가 비면 프린터는 멈췄다. 오류가 생긴 이유는 애플리케이션은 큐가 가득 찼다고 생각했지만 인터럽트 헤드는 큐가 비었다고 생각했기 때문이었다.

인터럽트 헤드는 코드의 다른 부분과 달리 별도 '스레드'에서 돌아간다. 따라서 인터럽트 헤드와 그 외 나머지 코드 양쪽 모두에서 접근하는 카운터와 변수는 동시성 갱신^{concurrent update}으로부터 보호해야 한다. 이번 경우에는 나머지 코드에서 그 세 개의 변수를 다룰 때는 인터럽트를 꺼야 한다는 뜻이었다. 긴 코드를 붙잡고 눌러 앉아서 인터럽트를 먼저 해제하지 않고 변수를 건드리는 부분을 찾아야 한다는 생각을 했다.

요즘이라면 당연히 세 변수를 건드리는 장소 찾기에 과하다 싶을 정도로 강력한 도구를 사용한다. 몇 초 안에 변수를 건드리는 곳이 몇 번째 줄인지 알아낸다. 몇 분 내로 인터럽트를 해제하지 않는 곳이 어딘지 알아낸다. 하지만 당시는 1972년이었고 그런 도구는 하나도 없었다. 가진 건 두 눈뿐이었다.

모든 코드 페이지를 뚫어지게 쳐다보며 해당 변수를 찾았다. 불행히도 어디서나 그 변수를 사용했다. 거의 모든 페이지가 이런 저런 식으로 그 변수를 건드렸다. 인터럽트를 해제하지 않고 참조하는 경우도 많았는데 읽기 전용 참조여서 아무 해가 없었기 때문이다. 문제는 코드의 논리 구조를 이해하지 않고서는 특정 어셈블리가 읽기 전용인지 아닌지 판단할 마땅한 방법이 없다는 점이었다. 어떤 순간에는 변수를 읽기만 하지만, 나중에 변수를 갱신하고 저장할 가능성도 있었다. 인터럽트가 활성 상태일 때 이런 일이 생기면 변수는 오염된다.

며칠간 고된 조사 끝에 드디어 그 변수들을 발견했다. 바로 거기 코드 가운데 인터럽트 활성 상태에서 변수 세 개 중 하나를 갱신하는 부분이 한 곳 있었다.

잠시 계산을 해봤다. 오류는 10억분의 2초간 지속된다. 단말기 십여 개는 모두 초당 30문자 속도이므로 인터럽트는 3ms 한 번씩 발생한다. 관리 프로그램의 크기나 CPU 클럭으로 봤을 때 이 오류 때문에 멈추는 현상은 하루에 한 두 번 정도로 계산됐다. 딱 들어맞네!

당연히 문제를 고쳤지만 카운터를 조사하고 고치는 자동 꼼수 프로그램을 끌 용기는 절대 없었다. 지금까지도 다른 구멍이 더 없는지 확신이 없다.

디버깅 시간

무슨 이유인지 소프트웨어 개발자는 디버깅 시간을 코딩 시간으로 여기지 않는다. 디버깅 시간은 자연스런 생리 현상, 당연히 치러야 할 무언가로 생각한다. 하지만 디버깅 시간도 사업적으로 비싸다는 면에서는 코딩 시간과 전혀 다를 바 없기 때문에, 디버깅 시간을 피하거나 줄이는 일은 좋은 일이다.

최근 나의 디버깅 시간은 10년 전에 비해 많이 줄었다. 차이를 실제 측정해보지는 않았지만 10분의 1 정도라 믿는다. 테스트 주도 개발[TDD] 원칙을 받아들임으로써 엄청나게 디버깅 시간을 단축했다. TDD는 5장에서 살펴볼 것이다.

TDD를 받아들이건 비슷하게 효과적인[3] 다른 원칙을 받아들이건 디버깅 시간

---

3 나는 TDD만큼 효과적인 원칙을 모르지만 당신은 알지도 모른다.

을 가능한 한 0에 가깝게 줄이는 일은 프로가 짊어진 의무다. 0는 명백히 불가능하지만 어쨌든 목표는 목표다.

의사는 저지른 잘못을 고치려고 환자를 다시 수술하는 것을 좋아하지 않는다. 변호사는 망쳐버린 사건을 다시 재판하고 싶어 하지 않는다. 이런 일을 너무 자주하는 의사나 변호사는 프로로 취급받지 못한다. 마찬가지로 오류를 만드는 소프트웨어 개발자는 프로답지 않다.

속도 조절

소프트웨어 개발은 마라톤이지 단거리 질주가 아니다. 시작부터 있는 힘껏 빨리 달려서는 시합에서 이길 수 없다. 자원을 보존하고 속도를 조절해야 이긴다. 마라톤 주자는 시합 전과 시합 도중 양쪽에서 자기 몸을 보살핀다. 프로 프로그래머는 기력을 보존하고 창의성도 챙긴다.

언제 걸어 나가야 할지 알기

풀고 있는 문제를 다 풀기 전에는 집에 못 간다고? 아니다. 가도 된다. 그리고 가야 한다! 창의성과 총명함은 지속되지 않고 스쳐 지나가는 정신의 상태다. 피곤하면 창의성과 총명함이 사라진다. 사라지고 나면 문제를 풀려고 밤늦게까지 돌아가지 않는 머리를 두들겨 봤자, 그저 더 피곤해지기만 하고, 문제를 푸는 데 도움이 될지도 모르는 샤워나 운전할 기회를 놓치게 될 뿐이다.

곤경에 빠졌을 때나 피곤할 때는 잠시 자리를 떠나라. 창의적인 잠재의식이 문제를 깨뜨리도록 두어라. 주의를 기울여 자원을 절약하면 더 짧은 시간에 더 적은 노력으로 더 많은 일을 해내게 된다. 자신과 팀의 속도를 조절하라. 창의적이고 영리하게 일하는 형태pattern를 배우고, 그것들로부터 이득을 얻어내야지 그 반대가 되어서는 안 된다.

집까지 운전하기

수많은 문제를 풀었던 장소 중 하나는 회사에서 집으로 가는 차 안이었다. 운전에는 여러 비(非)창의적인 정신 자원이 필요하다. 두 눈, 양 손, 정신의 일부를 운전하는 데 써야 한다. 따라서 운전을 하려면 회사 문제에서 해방^{disengagement}돼야 한다. 해방에는 특별한 뭔가가 있어서 우리 정신이 다른 창의적인 방식으로 문제를 해결하도록 만든다.

샤워

엄청난 수의 문제를 샤워하면서 풀었다. 아마도 아침에 맞는 물줄기가 나를 깨우고 잠자는 동안 두뇌에서 떠오른 해결책들을 돌이켜보게 만든 것 같다.

문제를 풀 때 간혹 너무 가까이 들여다봐서 선택지를 놓치기도 한다. 우아한 해결법을 지나치기도 하는데, 정신의 창의적인 부분이 너무 강한 집중에 억눌렸기 때문이다. 가끔 문제를 푸는 최고의 방법은 집에 가서 저녁을 먹고 TV를 보고 잠을 잔 다음 다음날 아침에 일어나서 샤워하는 것이다.

일정을 못 지키다

언젠가는 마감을 못 지키는 날이 온다. 최고 실력자에게도 오고 가장 헌신적인 사람에게도 온다. 간혹 그저 추정을 망쳐서 일정을 못 지키는 처지가 되기도 한다.

일정 지연을 관리하는 요령은 이른 감지와 투명성이다. 최악의 경우는 마지막 순간까지도 다른 사람들에게 제 시간에 맞출 거라고 말한 다음 모두를 실망시킬 때다. 이러지 마라. 대신 정기적으로 목표 대비 진척을 측정하고 사실을 바탕으로 한 세 가지[4] 완료일자, 즉 최선의 경우, 최악의 경우, 성공 가능성이 가장

---

4 10장에서 더 자세히 다룬다.

높은 값인 명목^{nominal} 추정치를 마련하라. 세 날짜에 대해 최대한 정직해야 한다. 추정에 희망을 섞지 마라! 세 숫자를 팀과 관계자들에게 알려라. 매일 이 숫자들을 갱신하라.

희망

이 숫자들이 마감일을 놓칠지도 모른다는 사실을 보여준다면 어떨까? 예를 들면 열흘 뒤 전시회에서 상품을 전시해야 한다. 하지만 지금 작업 중인 기능에 대한 세 숫자 추정이 8/12/20이라고 가정해보자.

열흘 안에 끝내리란 희망을 갖지 마라! 희망은 프로젝트 살해자다. 희망은 일정을 파괴하고 자신의 평판을 망가뜨린다. 희망 때문에 깊은 문제에 빠지게 된다. 전시회가 열흘 뒤고 명목 추정이 12라면 일정을 맞추지 못한다. 팀과 관계자들이 이 상황을 확실히 이해하도록 만들고 무슨 일이 있어도 실패 대비용 후퇴 계획$^{fall-back\ plan}$을 세우도록 해야 한다. 어떤 사람도 희망을 갖게 만들면 안 된다.

질주

관리자가 당신을 불러 앉힌 다음, 마감을 지키도록 노력해보라면 어떻게 해야 할까? 관리자가 "무슨 짓이든 해보라."고 주장한다면 어떻게 할까? 추정을 고수하라! 상사의 반박 때문에 바꾼 일정은 원래 추정에 비해 정확성이 떨어진다. 이미 가능한 선택지를 모두 고려했고(정말 고려했기 때문) 일정을 개선할 유일한 길은 범위를 줄이는 방법뿐임을 상사에게 말하라. 질주하라는 부추김에 넘어가면 안 된다.

압박에 굴복해 허리띠를 졸라매고 마감일을 지키려 노력해 보겠다고 동의하는 형편없는 개발자를 두려워하라. 개발자들은 손쉬운 길로만 가려 하고 초과 근무를 하며 기적을 바라는 헛된 희망을 가지게 되는데 이는 스스로와 팀, 이해 관계자들에게 잘못된 희망을 주기 때문에 재앙으로 가는 조리법^{recipe}이다. 모든 사람들이 문제를 대면하는 것을 피하게 만들고, 힘들지만 꼭 필요한 결정이 늦어진다.

질주하는 방법은 없다. 스스로 코딩을 더 빨리 하게 만들 수 없다. 문제를 더 빨리 풀게 만들 수 없다. 노력해보려는 시도는 단지 본인뿐만 아니라 다른 사람까지 더 느리게 만드는 엉망진창인 결과를 낳는다.

따라서 상사, 팀, 관계자에게 반드시 정확하게 대답해서 희망을 갖지 못하게 해야 한다.

초과 근무

그랬더니 상사가 말한다. "하루에 두 시간씩 초과 근무하면 어떨까? 토요일에 일하는 건 어때? 힘 내자고, 기능을 제 시간에 완료할 충분한 시간을 쥐어짤 방법이 분명 있을 거야."

초과 근무는 잘 될 때도 있고 가끔 필요하기도 하다. 때로는 며칠간 10시간씩 일하고 토요일에도 한두 번 일해서 초과 근무 없이는 불가능한 날짜를 맞추기도 한다. 하지만 이는 아주 위험하다. 20% 시간을 더 일한다고 20% 더 작업이 완료되지 않는다. 더구나 초과 근무는 2~3주 이상 지나면 확실히 실패한다.

따라서 1) 개인적으로 감당 못할 정도거나 2) 2주 이하인 단기간이 아니거나 3) 초과 근무 노력이 실패할 때를 대비한 후퇴 계획을 상사가 가지고 있지 않다면 초과 근무에 동의하면 안 된다.

특히 마지막 기준을 만족하지 못하면 절대 협상해서는 안 된다. 초과 근무 노력이 실패했을 때 어떻게 할 생각인지 상사가 제대로 말하지 못한다면 초과 근무에 찬성하면 안 된다.

가짜 출시

프로그래머가 저지르는 여러 가지 프로답지 못한 행동 중에서도 가장 최악은 아마 끝내지도 않았는데 끝냈다고 말하는 짓이다. 명백한 거짓말이고 아주 나쁜 짓이다. 하지만 더 교활한 경우도 있는데, '완료'의 뜻을 새롭게 정의해 합리화할 때다. 충분히 끝냈다고 스스로를 설득하고 다음 업무로 넘어간다. 나중에 시간이 충분할 때 남아 있는 어떤 일도 처리할 수 있다고 합리화한다.

이는 전염성이 있는 행동 방식이다. 만일 한 프로그래머가 이러면 다른 이들이 보고 선례를 따른다. 개중에는 '완료'의 정의를 더 확장하는 사람도 나오고, 다른 이들은 새 정의를 받아들이게 된다. 이런 식으로 진행되다 극단적으로 끔찍하게 되는 경우도 봤다. 고객 중 하나가 실제로 '완료'를 '코드 저장소에 소스코드를 체크인'으로 정의했다. 심지어 코드는 컴파일되지도 않았다. 아무것도 안 해도 된다면 '완료'하기는 식은 죽 먹기다!

팀이 이런 함정에 빠지면 관리자는 모든 일이 순조롭다는 말을 듣는다. 상태 보고서들은 모두가 일정을 맞춘다고 상황을 보고한다. 마치 장님이 철길 위에서 소풍하는 것과 같다. 미완료 작업이라는 화물 열차가 자신들을 덮친다는 사실을 너무 늦을 때까지 아무도 보지 못한다.

'완료' 정의

독자적인 '완료'의 정의를 만들어서 생기는 가짜 출시 문제를 피해야 한다. 가장 좋은 방법은 업무 분석가와 테스터가 자동화된 인수 테스트[5]를 만들어 완료했다고 말하기 전에 반드시 테스트를 통과해야 하는 방법이다. 이 테스트는 FitNesse, Selenium, RobotFX, Cucumber와 같은 테스트용 언어로 작성해야 한다. 테스트는 이해관계자와 사업부 사람들이 이해할 수 있어야 하고, 테스트를 자주 돌려야 한다.

---

5 7장에서 자세히 설명한다.

도움

프로그래밍은 어렵다. 젊을수록 이 말이 믿기지 않을 것이다. 어찌됐건 프로그래밍은 수많은 if와 while 문장의 덩어리다. 하지만 경험을 쌓다 보면 어떤 식으로 if와 while 문장을 결합하는지가 결정적으로 중요하다는 사실을 깨닫기 시작한다. 두 문장을 듬뿍 끼얹어 놓고 최고가 되기를 바라면 안 된다. 그보다는 시스템을 작고 알기 쉬운 단위로 주의깊게 쪼개야 한다. 그 단위는 가능한 한 서로 간섭이 적도록 만들어야 하는데, 이 부분이 어렵다.

사실 프로그래밍은 너무 어려워서 한 사람의 능력으로는 잘 해내기가 어렵다. 아무리 기술이 뛰어나도 반드시 다른 프로그래머의 생각과 아이디어에서 도움을 받는다.

다른 사람 돕기

이런 이유 때문에 서로를 도울 준비를 하는 일은 프로그래머의 의무다. 사무실 칸막이에 틀어박히거나 다른 사람의 질문을 거부하는 일은 프로가 갖출 윤리 위반이다. 타인을 돕기 위해 약간의 시간도 마련하지 못할 만큼 중요한 업무는 없다. 사실 프로라면 명예를 걸고 어떤 때든 도움을 줘야 한다.

혼자만의 시간이 필요 없다는 뜻은 아니다. 당연히 혼자만의 시간도 필요하다. 하지만 공정하고 예의 바르게 굴어야 한다. 예를 들면 오전 10시부터 정오까지는 방해받고 싶지 않지만 오후 1시부터 3시까지는 괜찮다고 말하는 식이다.

같은 팀 동료가 어떤 상태인지 주의를 기울여야 한다. 누군가 곤란에 빠진 것을 봤다면 도움을 줘야 한다. 자신의 도움으로 생기는 효과가 크다는 사실에 꽤 놀랄 것이다. 자신이 다른 이보다 영리해서가 아니라 그저 신선한 관점이 문제를 푸는 데 커다란 기폭제가 된 것이다.

다른 이를 도울 때는 곁에 앉아 함께 코드를 짜라. 한 시간 이상을 쓰도록 계획을 짜라. 그보다 빨리 끝나겠지만 서두르는 모습을 보이고 싶지 않을 것이다. 그 업무에만 전념해 확실한 노력을 쏟아라. 끝날 무렵에는 자신이 준 것보다 더 많은 것을 배우게 된다.

도움 받기

다른 이가 나를 도울 때는 감사해야 한다. 고맙게 그리고 기꺼이 도움을 받아들여라. 영역을 지키는 듯한 행동은 하지 마라. 몹시 바빠 정신이 없다는 이유로 도움을 거부하지 마라. 30분 정도의 시간을 들여라. 그 정도 시간이 지나서 별 도움이 안 됐다면 정중히 이해를 구하고 감사의 말로 협업을 끝내라. 명예를 걸고 타인을 도와야 하듯이 명예를 걸고 도움을 받아야 함을 기억하라.

도움을 부탁하는 방법을 배워라. 막혔거나 혼란스럽거나 문제가 마음 먹은 대로 풀리지 않는다면 다른 이에게 도움을 요청하라. 팀원과 같은 방에 있다면 그냥 옆에 앉아 "도와줘."라고 말하라. 같은 공간에 없다면 얘머^{yammer}나 트위터, 이메일, 책상 위 전화를 사용하라. 도움을 요청해라. 다시 한 번 말하지만 이는 프로의 직업 윤리에 관련된 문제다. 쉽게 도움을 받을 수 있는 데도 계속 막힌 상태를 유지하는 일은 프로답지 않다.

지금쯤이면 복슬복슬한 토끼가 유니콘 등으로 뛰어올라 희망과 변화의 무지개 너머로 행복에 겨워 날아오르는 동시에 별안간 쿰바야^{Kumbaya} 노래를 부르기 시작하는 세상을 꿈꾼다고 생각할지도 모르겠다. 아니다. 전혀 그렇지 않다. 알다시피 프로그래머는 오만하고 자신에게만 열중하는 내향적인 경향이 있다. 우리는 사람 사귀기를 좋아해서 프로그래머가 된 게 아니다. 우리가 프로그래밍에 빠지는 이유는 무미건조한 세부사항에 깊이 집중하기, 많은 개념을 한 번에 교묘히 다루기, 자기 두뇌가 지구만큼 크다는 사실을 스스로에게 증명하기를 좋아하기 때문이다. 또한 그러는 동안은 골치 아프고 복잡한 대인관계를 피할 수 있다.

그렇다. 사실 방금 한 말은 편견이다. 예외가 많은 성급한 일반화다. 하지만 프로그래머는 고분고분하게 협력하지 않는 경향이 많은 게 현실이다.[6] 그러나 효과적인 프로그래밍에는 협력이 매우 중요하다. 그러므로 우리 중 많은 사람에게 협력은 본능이 아니므로 협력으로 이끄는 원칙이 필요하다.

멘토링

멘토링이라는 주제에 14장 전체를 할당했다. 지금으로서는 간단히 말하자면 경험이 적은 프로그래머를 훈련시키는 일은 경험이 더 많은 프로그래머의 의무다. 교육 강의 과정은 해낼 수 없다. 책도 해낼 수 없다. 선배가 주는 효과적인 멘토링 말고는 본인의 노력 이상으로 더 빨리 젊은 소프트웨어 개발자가 제대로 일하게 만들 수 있는 방법이 없다. 그러므로 다시 한 번 말하자면 젊은 프로그래머를 보살피고 멘토링하는 데 시간을 들이는 일은 프로로서의 윤리 문제다. 마찬가지 맥락에서 젊은 프로그래머는 선배에게 멘토링을 구하는 일이 프로로서의 의무다.

참고문헌

로버트 마틴의 『클린 코드』(케이앤피IT, 2010)

로버트 마틴의 『소프트웨어 개발의 지혜』(야스미디어, 2004)

---

6 사실 남자가 여자보다 더 심하다. 나는 @desi(데시 맥아담, DevChix의 창시자)와 여성 프로그래머의 동기 부여에 관해 멋진 대화를 나눈 적이 있다. 나는 데시에게 프로그램이 동작할 때는 거대한 야수를 쓰러뜨린 듯 하다고 말했다. 데시는 다른 여성에게 들은 이야기를 포함해 자신은 코드를 작성하는 행위는 창조물을 기르고 보살피는 행동으로 받아들인다고 말했다.

5장

테스트 주도 개발

테스트 주도 개발^{TDD}이 업계에 나온 지 10년이 지났다. 익스트림 프로그래밍^{XP} 움직임의 일부로 시작했으나, 스크럼^{Scrum}을 포함한 사실상 모든 애자일 방법론 에서 TDD를 받아들였다. 애자일을 사용하지 않는 팀조차 TDD는 적용한다.

1998년 '테스트 우선 개발^{Test First Programming}'이라는 말을 들었을 때는 회의적인

입장이었다. 누군들 안 그랬겠나? 단위 테스트를 먼저 만들라니? 그런 얼빠진 짓을 하는 사람은 도대체 누구란 말인가?

하지만 프로 개발자로 30년간 일하는 동안 수많은 것들이 업계에서 나타났다 사라지는 모습을 보았다. 세상 물정을 알게 되자 어떤 것이든 곧장 내팽개치면 안 된다는 사실을 알게 됐으며, 특히 켄트 벡Kent Beck 같은 사람이 말할 때는 절대 그래선 안 된다는 사실도 알게 됐다.

그래서 1999년 켄트를 만나 TDD 훈련을 받기 위해 오레곤 메드포트로 떠났다. 경험 하나하나가 모두 충격적이었다!

켄트와 나는 사무실에 앉아 작고 단순한 문제를 자바로 풀었다. 나는 어리석게도 곧바로 코딩하려 달려들었다. 하지만 켄트는 이를 막고 처리 과정에 따라 한 걸음 한걸음 나를 이끌었다. 처음에는 단위 테스트 일부분을 만들었는데, 간신히 소스코드로 봐줄 만한 정도의 코드였다. 그리고 나서 테스트가 컴파일될 만큼만 실제 코드를 만들었다. 그리고는 테스트를 조금 더 만들고 나서 다시 실제 코드를 더 만들었다.

그 반복 주기는 난생 처음 겪는 경험이었다. 나는 보통 한 시간 정도 코드를 만든 후에야 컴파일하거나 실행하곤 했다. 하지만 켄트는 글자 그대로 대략 30초에 한 번씩 코드를 돌렸다. 놀라 자빠질 지경이었다!

게다가 반복에 걸리는 시간을 보고 더욱 중요한 점을 깨달았다! 그 반복 시간은 오래 전 어렸을 때[1] 베이직Basic이나 로고Logo 같은 인터프리터 언어를 사용해 게임을 프로그래밍할 때 겪었던 반복 시간이었다. 그 언어는 빌드 시간이 없어서 한 줄을 더한 뒤 바로 실행했다. 반복 주기가 매우 빨리 돌았다. 따라서 그런 언어는 매우 생산적이다.

하지만 실제 프로그래밍에서는 그런 반복 시간은 말이 안 된다. 실제 프로그래

---

1 당시에는 35살 이하라면 어리다고 나름대로 생각하고 있었다. 20대에는 인터프리터 언어로 어처구니 없는 게임을 짜는 데 어마어마한 시간을 썼다. 우주 전쟁 게임, 어드벤처 게임, 경마 게임, 뱀(snake) 게임, 도박 게임 등 아무튼 닥치는 대로 만들었다.

밍에서는 한참 코딩한 후 컴파일하느라 한참을 더 쓴다. 그 후 오류를 잡는 데 더 많은 시간을 쓴다. 나는 C++ 프로그래머였다, 젠장! C++는 빌드와 링크를 하는 데 몇 분 때로는 몇 시간이 필요했다. 30초 반복 시간은 상상할 수 없었다.

하지만 켄트는 달랐다. 30초 반복 주기로 자바 프로그램을 마음껏 요리하는데 느려질 기미가 보이지 않았다. 켄트의 사무실에 앉아 있으면서 이 단순한 규칙을 사용하면 실제 언어를 사용하면서도 로고의 반복 시간을 확보할 수 있다는 생각이 점점 확실해졌다! 나는 완전히 빠져들었다!

배심원 등장

그 날 이후 TDD는 반복 시간을 줄이는 이상의 의미가 있다는 사실을 알게 됐다. 이 원칙은 다음 문단에서 설명할 모든 장점을 포함한다.

하지만 먼저 다음을 짚고 넘어가자.

- 배심원 등장!

- 논란은 끝났다.

- GOTO는 해롭다.

- 그리고 TDD는 잘 돌아간다.

그렇다. TDD에 대한 논쟁은 블로그나 기사를 통해 수년간 계속됐으며 현재도 진행 중이다. 초기에는 진지한 비판도 많았고 이해해 보려는 진지한 노력도 많았다. 하지만 최근에는 진지함보다 과장되게 떠벌리는 글이 많다. 중요한 점은 TDD는 잘 돌아간다는 점이고, 이를 받아들여야 한다.

일방적이고 귀에 거슬리는 말이란 걸 알지만, 연구자료를 봤을 때 외과의사가 꼭 손을 씻어야 하듯이 프로그래머도 TDD를 꼭 적용해야 한다고 생각한다.

작성한 코드가 전부 잘 돌아가는지 알지 못한다면 어찌 프로라 말할 수 있겠나? 변경할 때마다 테스트하지 않는다면 코드가 전부 잘 돌아가는지 어찌 알까? 자동화된 단위 테스트를 만들어 커버리지를 높이지 않는다면 변경할 때마다 어떻게 테스트를 할 수 있을까? TDD를 사용하지 않는다면 높은 커버리지를 가진 자동화된 단위 테스트를 어떻게 만들 수 있을까?

마지막 문장은 곱씹어볼 필요가 있다. 도대체 TDD란 무엇인가?

TDD의 세 가지 법칙

1. 실패한 단위 테스트를 만들기 전에는 제품 코드를 만들지 않는다.

2. 컴파일이 안 되거나 실패한 단위 테스트가 있으면 더 이상의 단위 테스트를 만들지 않는다.

3. 실패한 단위 테스트를 통과하는 이상의 제품 코드는 만들지 않는다.

이 세 가지 법칙을 지키면 반복 주기는 대략 30초 길이를 유지한다. 처음에는 작은 단위 테스트를 만들며 시작한다. 하지만 몇 초 지나지 않아 아직 만들지도 않은 클래스나 함수의 이름을 써야 하고, 그 때문에 단위 테스트는 컴파일되지 않는다. 따라서 테스트가 컴파일되도록 제품 코드를 만들어야 한다. 하지만 그 이상의 제품 코드를 만들면 안 되기 때문에 단위 테스트를 더 만들기 시작한다.

거듭해서 주기를 반복한다. 테스트 코드를 조금 추가한다. 제품 코드도 조금 추가한다. 두 가지 코드 흐름이 동시에 자라나 상호 보완하는 컴포넌트가 된다. 항체와 항원처럼 테스트와 제품 코드가 딱 들어맞는다.

수많은 혜택

확신

TDD를 프로다운 규칙으로 받아들이면 테스트를 하루에 십여 개, 일주일에 수백 개, 일 년에는 수천 개를 만든다. 또한 테스트를 손 닿는 데 두고 코드를 바꿀 때마다 실행한다.

나는 자바로 만든 인수 테스트 도구인 FitNesse[2]의 주요 저자이자 운영자다. FitNesse의 코드는 6만 4천 줄인데, 그중 2만 8천 줄은 약 2천 2백 개의 단위 테스트 코드다. 테스트는 적어도 제품 코드의 90% 이상[3]을 감당하며 실행에는 90초가 걸린다.

FitNesse의 어떤 부분이라도 바꾸게 되면 별 생각 없이 단위 테스트를 돌린다. 통과하면 내가 만든 변경이 다른 부분을 망가뜨리지 않았다고 거의 확신할 수 있다. '거의 확신'은 어느 정도의 확신일까? '거의 확신'은 제품을 출시할 정도로 충분한 확신이다.

FitNesse에 대한 QA 과정은 `ant release`라는 명령이 전부다. 이 명령어는 FitNesse를 바닥부터 빌드해 모든 단위 테스트와 인수 테스트를 실행한다. 테스트가 통과하면 출시한다.

결함 주입 비율

현재 FitNesse는 중대 국면$^{mission-critical}$에 사용하는 소프트웨어가 아니다. 오류가 있어도 사람이 죽거나 수십억 손해가 나는 일은 없다. 따라서 테스트만 통과하면 출시할 수 있다. 절차가 테스트 통과뿐이지만, FitNesse는 사용자가 수천 명이고 한 해에 2만 줄 이상이 추가됨에도 불구하고 오류 목록에는 17개의 오류만 존재한다(사실상 이 중 대부분은 겉모습인 UI에 관련된 문제다). 그래서 코드 추가 시 새로운 결함을 만드는 비율인 결함 주입 비율이 매우 낮다는 사실을 안다.

이는 단발적인 효과가 아니다. 여러 보고서[4]와 연구[5]에서 주목할 만한 오류 감소를 보고했다. IBM, 마이크로소프트부터 사브레^{Sabre}, 시만텍^{Symantec}까지 여러 업체와 여러 팀들이 계속해서 겪는 오류 감소가 2배, 5배 심지어는 10배에 이

---

2 http://fitnesse.org
3 최소 90% 이상이다. 실제 값은 이보다 크다. 정확한 값은 계산하기 어려운데 커버리지 도구는 외부 프로세스에서 돌아가는 코드나 catch 블록 내부의 코드를 보지 못하기 때문이다.
4 http://www.objectmentor.com/omSolutions/agile_customers.html
5 이번 장 마지막에 기술한 참고문헌 4개 참조

른다. 프로라면 무시해선 안 되는 숫자다.

용기

왜 나쁜 코드를 봐도 고치지 않을까? 지저분한 함수를 본 첫 번째 반응은 "지저분하군. 정리 좀 해야겠네."다. 두 번째 반응은 "난 안 건드릴 거야!"다. 왜 이럴까? 손을 대면 뭔가 망가뜨릴지도 모른다는 위험을 무릅써야 한다는 사실을 알기 때문이다. 뭔가가 망가지면 자신이 감당해야 한다.

하지만 말끔히 정리해도 무엇도 망치지 않는다고 확신할 수 있다면 어떨까? 이런 확신을 가진다면 과연 어떻게 될까? 클릭 한 번으로 90초 내에 방금 바꾼 내용이 아무것도 망가트리지 않고 오직 도움만 됐다는 사실을 알 수 있다면 어떨까?

이는 TDD의 가장 강력한 이점이다. 믿음직한 테스트 묶음^{suite}이 있으면 변경에 대한 두려움이 모두 사라진다. 나쁜 코드가 보이면 그저 그 자리를 깨끗이 치우면 된다. 코드는 찰흙처럼 부드러워 단순하고 즐거운 구조로 안전하게 조각할 수 있다.

두렵지 않은 프로그래머는 코드를 바로 정리한다! 깔끔한 코드는 이해하기 쉽고 바꾸기도 쉬우며 확장하기도 쉽다. 코드가 단순해져 오류가 생길 가능성이 줄어든다. 기반 코드는 지속적으로 좋아지는데, 이는 시간이 흐르면 기반 코드가 썩어 들어가는 업계의 일반적인 현상과 반대다.

진정한 프로라면 제품이 계속 썩어가는데도 가만히 있을까?

문서화

서드파티 프레임워크를 사용해 봤는가? 서드파티는 기술 문서 작성자가 만든 잘 구성된 매뉴얼을 보내는 경우가 잦다. 대개 매뉴얼의 생김새는 '앨리스 식당'이라는 사회 풍자 노래 가사에도 나오듯이 30×35 크기의 광택 컬러사진에 동그라미와 화살표가 있고 각 사진의 뒷면에는 프레임워크를 설정, 배포, 조작, 사용하는 방법이 적힌 문단이 있다. 매뉴얼 끝에는 부록으로 모든 예제 코드를 담은 작고 못 생긴 부분이 있는 경우가 많다.

매뉴얼을 볼 때 처음 들춰보는 부분은 어디인가? 프로그래머라면 예제 코드로 간다. 코드가 진실을 말한다는 사실을 알기 때문이다. 뒷면에 설명문이 있고 동그라미와 화살표가 그려진 30×35 크기의 광택 컬러사진은 예쁘게 보일지는 모르겠지만 코드를 사용하는 법을 알려면 코드를 읽어야 한다.

세 가지 법칙에 따라 만든 각 단위 테스트는 코드로 만든 예제이며 시스템을 어떻게 사용해야 하는지 알려준다. 세 가지 법칙에 따라 만든 단위 테스트는 시스템의 각 객체를 어떻게 만들어야 하는지, 또 각 객체를 만드는 데는 어떤 방법이 있는지 알려준다. 단위 테스트는 시스템의 모든 함수를 유용하게 호출하는 모든 방법을 알려준다. 어떤 일을 처리하는 법을 알고 싶다면 해당되는 단위 테스트를 찾아 세부사항을 보면 된다.

단위 테스트는 문서다. 시스템의 가장 낮은 단계의 설계를 알려준다. 명확하고 정확하며 독자가 이해하는 언어로 만들어져 실행 가능한 형식을 갖춘다. 낮은 단계에 대한 문서 중 가장 훌륭한 형태다. 프로라면 이런 문서를 당연히 제공해야 하지 않을까?

설계

세 가지 법칙에 따라 테스트를 먼저 만들다 보면 딜레마에 빠진다. 어떤 코드를 만들어야 하는지 정확히 아는 데도 불구하고, 법칙을 따르려다 보니 제품 코드가 없어 실패하는 단위 테스트를 우선 만들어야 한다! 이는 만들려는 코드를 반드시 테스트해야 한다는 뜻이다.

테스트 코드를 만들려면 코드의 의존관계를 고립시켜야 한다는 어려움이 있다. 다른 함수를 호출하는 함수는 테스트하기 어려운 경우가 많다. 이 경우 테스트를 만들려면 함수를 다른 부분에서 떨어뜨리는 방법을 찾아야 한다. 다른 말로 표현하면 테스트를 먼저 만들기 위해서는 좋은 설계를 고민해야 한다.

테스트를 먼저 만들지 않으면 여러 함수를 테스트 불가능한 덩어리로 뭉치는 일을 막아줄 방어막이 사라진다. 테스트를 나중에 만들면 전체 덩어리의 입력과 출력은 테스트할지 몰라도 각각의 함수를 테스트하기는 힘들 것이다.

따라서 세 가지 법칙에 따라 테스트를 먼저 만드는 일은 의존성이 낮은 좋은 설계를 만드는 힘이 된다. 프로라면 더 나은 설계로 이끌어주는 도구를 당연히 사용해야 하지 않을까?

"근데 나는 테스트를 나중에 만들 수 있어요."라는 말은 틀렸다. 사실이 아니며 만들 수 없다. 물론 테스트 일부분은 나중에 만들 수 있다. 심지어는 주의를 기울이면 높은 커버리지를 달성하기도 한다. 하지만 일이 벌어진 후에 만드는 테스트는 수비. 먼저 만드는 테스트는 공격이다. 사후 테스트는 이미 코드에 익숙하고 어떻게 문제를 풀었는지 잘 아는 사람이 만든다. 사후 테스트는 먼저 만든 테스트만큼 예리하지 않는다.

프로다운 선택

최종 결론은 TDD는 프로다운 선택이라는 사실이다. TDD는 확신, 용기, 오류 감소, 문서화, 설계를 향상시키는 원칙이다. 요모조모 따져보면 TDD를 사용하지 않는 것은 프로답지 못한 행동이라는 결론을 내리게 된다.

TDD와 관련 없는 사실

TDD는 수많은 장점이 있지만 종교나 마법이 아니다. 세 가지 법칙을 따라도 모든 이점을 보장받지 못한다. 테스트를 먼저 만들어도 형편없는 코드가 나오기도 한다. 어쩌다 보면 테스트 코드 자체를 형편없이 만들기도 한다.

같은 맥락으로 세 가지 법칙을 무조건 따르는 일이 실용적이지 않고 적절하지도 않은 때도 있다. 이런 경우는 드물지만 전혀 없지는 않다. 프로 개발자라면 좋은 점보다 해로운 점이 많을 때는 규칙을 따라서는 안 된다.

참고문헌

E. Michael Maximilien, Laurie Williams, 『Assessing Test-Driven Development at IBM』, http://collaboration.csc.ncsu.edu/laurie/Papers/MAXIMILIEN_WILLIAMS.PDF)

B. George, L. Williams, 『An Initial Investigation of Test-Driven Development in Industry』, http://collaboration.csc.ncsu.edu/laurie/Papers/TDDpaperv8.pdf

D. Janzen and H. Saiedian, 『Test-driven development concepts, taxonomy, and future direction』, IEEE Computer, Volume 38, Issue 9, pp. 43-50

Nachiappan Nagappan, E. Michael Maximilien, Thirumalesh Bhat, Laurie Williams, 『Realizing quality improvement through test driven development: results and experiences of four industrial teams』, Springer Science + Business Media, LLC 2008, http://research.microsoft.com/en-us/projects/esm/nagappan_tdd.pdf

6장

연습

모든 프로는 기술 연마 훈련을 통해 그들의 기예를 갈고 닦는다. 음악가는 음계 표현을 연습한다. 풋볼 선수는 타이어 사이를 달린다. 의사는 봉합술과 수술 기법을 익힌다. 변호사는 토론 연습을 한다. 군인은 임무에 앞서 예행 훈련을 한다. 공연이 중요하다면 프로는 연습을 한다. 이번 장은 프로그래머들이 기술을 연마하는 방법을 다룬다.

연습의 배경지식

소프트웨어 개발자에게 연습은 낯선 개념이 아니지만, 새 밀레니엄(2000년)이 시작되기 전인 시절에는 연습이라 인식하지 못했던 것도 있다. 아마 최초의 형태를 갖춘 프로그램 연습은 브라이언 커니건[Brian W. Kernighan] & 데니스 리치[Dennis M. Ritchie]의 『C 언어 프로그래밍』(대영사, 2005) 앞부분에 나온 코드일 것이다.

```
main()
{
  printf("hello, world\n");
}
```

프로그래머 중에 hello world 코드를 안 짜본 사람이 있을까? 우리는 새로운 환경이나 새로운 언어를 익히는 방법으로 hello world를 사용한다. 이 프로그램을 작성하고 실행하는 일은 어떤 프로그램이라도 만들고 실행할 수 있다는 증명이다.

아주 어렸을 때 새로 접한 컴퓨터에서 작성하던 첫 프로그램은 정수를 제곱하는 SQINT[squares of integers]였다. 나는 이 프로그램을 어셈블러, 베이직, 포트란[FORTRAN], 코볼[COBOL] 등 수많은 언어로 작성했다. 다시 말하지만 이는 마음먹은 대로 컴퓨터를 다룬다는 사실을 증명하는 방법이다.

80년대 초반, 백화점에서 개인용 컴퓨터를 전시하기 시작했다. 나는 VIC-20, Commodore-64, TRS-80 같은 컴퓨터 옆을 지나칠 때마다, \와 / 문자를 화면 가득 찍는 작은 프로그램을 만들었다. 이 작은 프로그램이 만들어 내는 무늬는 보기 즐거운 데다 프로그램 자체보다 훨씬 복잡하게 느껴졌다.

이런 작은 프로그램의 목적은 당연히 연습이지만, 프로그래머들은 보통 연습을 잘 안 한다. 솔직히 말해 연습이란 생각 자체를 떠올리지 않는다. 코드를 짜느라 너무 바빠 기술을 연마한다는 생각할 틈이 없다. 게다가 코딩에 연습이란 무슨 의미일까? 오랜 시간 프로그래밍을 해 왔지만 재빠른 반사신경이나 날렵한 손가락이 필요한 적은 없었다. 70년대 후반까지는 화면을 보면서 편집하지도 않았다. 몸서리치도록 긴 코드를 디버깅하거나 컴파일하는 데 너무 많은 시간을 써야 했다. 짧은 주기의 TDD는 발명되지도 않았기 때문에 연습으로 얻는 작은 개선이 필요하지 않았다.

0이 22개

하지만 프로그래밍은 초창기에 비해 달라졌다. 어떤 일들은 매우 달라졌다. 하지만 다른 어떤 일들은 그다지 바뀌지 않았다.

내가 프로그램을 짠 최초의 기계는 PDP-8/I였다. 이 기계의 싸이클 타임은 1.5 마이크로초였다. 코어 메모리는 12비트 명령어^{word} 4,096개를 담았다. 냉장고만큼 컸으며 엄청난 양의 전기를 소모했다. 12비트 명령어를 32K만큼 저장하는 디스크 드라이브도 있었다. 입출력에는 초당 10문자의 속도를 가진 텔레타이프를 사용했다. 강력한 기계라 생각했고, 이 기계를 사용하면 기적을 일으킬 수도 있을 것만 같았다.

얼마 전 새 맥북 프로$^{Macbook\ Pro}$ 노트북을 샀다. 2.8GHz 듀얼 코어 프로세서, 8GB RAM, 512GB SSD, 1920×1200 해상도의 17″ LED를 탑재했다. 옮길 때는 가방에 넣어 들고 다닌다. 무릎 위에 두고 쓰기도 한다. 소모 전력은 85W 이하다.

이 노트북은 PDP-8/I에 비해 속도는 8천 배 빠르고, 메모리는 2백만 배, 저장 공간은 1천 6백만 배, 필요 전력은 1%, 크기는 1%, 가격은 1/25이다. 계산을 해보자.

$$8,000 \times 2,000,000 \times 16,000,000 \times 100 \times 100 \times 25 = 6.4 \times 10^{22}$$

어마어마한 숫자다. 무려 22 자릿수만큼 커졌다! 이는 1mm를 1천만분의 1로 나눈 옹스트롬^{angstrom} 단위로 지구와 알파 센타우리 사이의 거리를 표시할 때 나오는 숫자다. 1달러 은화에 포함된 전자^{electron}의 숫자다. 영화감독 마이클 무어 방식으로 보면 지구의 무게를 나타낼 정도다. 그런 기계를 내 무릎에 올려놓고 사용한다. 다른 사람들의 무릎 위도 별 차이가 없다!

이렇게 0이 22개까지 늘어난 물건으로 무엇을 하고 있을까? 사실 PDP-8/I 가지고 하는 일과 별 차이가 없다. if 조건문, while 반복문, 변수 선언 같은 코드를 짠다.

물론 이런 코드를 짤 때 더 좋아진 도구를 사용한다. 그리고 더 나은 언어를 사용한다. 하지만 코드의 본질은 예나 지금이나 변한 게 없다. 2010년에 짠 코드라도 1960년대 프로그래머가 읽을 수 있다. 우리가 만지는 진흙은 40년간 크게 바뀌지 않았다.

변해버린 시대

하지만 우리가 일하는 방식은 극적으로 변했다. 60년대에는 컴파일 결과를 보려고 하루나 이틀을 기다리기도 했다. 70년대 후반에는 50,000줄 프로그램을 컴파일하는 데 45분이 걸렸다. 90년대에도 빌드 시간은 보통 길기 마련이었다.

오늘날 프로그래머는 컴파일하느라 기다리지 않는다.[1] 지금의 프로그래머는 손가락으로 거대한 힘을 다루어 몇 초 내로 TDD의 붉은색-녹색-리팩터refactor 주기를 반복한다.

예를 들면 나는 FitNesse라는 64,000줄의 자바 프로젝트를 운영한다. 모든 단위 테스트와 인수 테스트를 포함해 전체 빌드에 4분이 안 걸린다. 테스트가 통과하면 출시 준비 완료다. 따라서 소스코드에서 배포까지 전체 QA 절차에 4분이 안 걸린다. 컴파일 시간은 거의 고려할 필요도 없다. 테스트의 일부만 실행하면 몇 초밖에 안 걸린다. 그래서 말 그대로 컴파일/테스트 주기를 1분에 10번 돌릴 수 있다!

---

1 일부 프로그래머가 빌드 때문에 오래 기다린다는 사실은 비극이며 부주의함을 나타내는 지표다. 요즘 세상에 빌드 시간은 초 단위가 되어야 한다. 분 단위도 안 되며 당연히 시간 단위도 안 된다.

빠른 진행이 언제나 현명하지만은 않다. 잠시 속도를 늦추고 그저 고민을 하는 게 나은 경우도 많다.[2] 하지만 주기를 최대한 빠르게 돌려야 생산성이 높아질 때도 있다.

뭔가를 빠르게 처리하려면 연습이 필요하다. 코드/테스트 주기를 빨리 돌리려면 아주 재빨리 결정을 내려야 한다. 재빨리 결정을 내린다는 뜻은 수많은 상황과 문제를 인식하고 이를 어떻게 처리해야 할지 이미 안다는 뜻이다.

격투를 벌이는 두 무술가를 생각해보자. 무술가는 상대의 의도를 파악하고 1/1000초 내로 적절히 대응해야 한다. 격투 중에는 일시 중지, 자세 연구, 적절한 대응을 심사 숙고하는 따위의 사치는 부릴 수 없다. 격투 중에는 그저 반응해야 한다. 사실 머리로 고수준 전략을 짜는 중에도 실제 반응을 하는 것은 몸이다.

코드/테스트 주기를 1분에 몇 번씩이나 반복할 때, 어떤 키를 눌러야 할지는 몸이 안다. 머리가 고수준 전략에 집중하느라 멈춘 동안, 두뇌의 원시적인 부분은 상황을 파악하고 1/1000초 단위로 적절한 해법을 통해 반응한다.

무술과 프로그래밍 두 가지 경우 모두 속도는 연습에 달려 있다. 또한 연습하는 방법도 비슷하다. 해법이 있는 문제 여러 개를 골라 완전히 몸으로 익힐 때까지 몇 번이고 반복한다.

카를로스 산타나 같은 기타 연주가를 보자. 머릿속의 음악이 그냥 손가락을 통해 흘러나온다. 손가락의 위치나 줄을 퉁기는 기법은 신경 쓰지 않는다. 머리는 자유롭게 고수준 선율과 화음을 짜고 몸은 그 선율과 화음을 저수준인 손가락의 움직임으로 바꾼다.

하지만 그 정도로 쉽게 연주하려면 연습이 필요하다. 음악가들은 음계, 연습곡etude, 반복 악절riff을 완전히 몸으로 익힐 때까지 몇 번이고 반복한다.

---

2 리치 히키(Rich Hickey)는 이러한 기법을 HDD, 즉 그물침대(hammock) 주도 개발이라 불렀다.

코딩 도장

2001년부터 나는 볼링 게임[3]이라 부르는 TDD 시연을 해 왔다. 이 작고 깜찍한 연습문제를 푸는 데는 30분 정도 걸린다. 충돌하는 설계, 절정으로 향하는 빌드, 최후의 반전을 경험하게 되는 문제다.『소프트웨어 개발의 지혜』(야스미디어, 2004) 6장에서 이 문제를 다뤘다.

여러 해에 걸쳐 이 문제를 수백 번, 수천 번 풀었다. 굉장히 능숙하게 풀 수 있다! 자면서도 풀 수 있을 정도다. 키를 누르는 회수를 최소화하고, 변수 이름을 개선하고, 딱 들어맞을 때까지 알고리즘 구조를 고쳤다. 당시에는 몰랐지만 볼링 게임이 첫 품새였다.

2005년 영국 셰필드에서 열린 XP2005 컨퍼런스에 참석했다. 로렌트 보사빗Laurent Bossavit과 엠마누엘 갤리엇Emmanuel Gaillot이 진행하는 코딩 도장Coding Dojo[4]이라는 강의를 들었다. 진행자들은 노트북을 열고 둘이 함께 TDD를 사용해 콘웨이의 인생 게임을 코딩했다. 그들은 최초로 아이디어[5]를 낸 '실용주의' 데이브 토마스Dave Thomas[6]의 말을 빌려 이 시연을 '품새kata'라 불렀다.

그 강의 이후로 많은 프로그래머들이 무술 연마의 비유를 받아들였고, 코딩 도장[7]이란 이름으로 굳어졌다. 종종 무술가들처럼 여러 프로그래머들이 한데 모여 같이 연습한다. 아니면 무술가들도 그러듯 혼자 연습하기도 한다.

몇 년 전 오마하에서 개발자들에게 강의를 했다. 참석자들은 점심 시간에 나를 코딩 도장에 초대했다. 12명의 개발자들이 노트북을 열고, 키보드를 쉴 새 없이 두드리며, 도장 사범을 따라 볼링 게임 품새를 푸는 모습을 봤다.

도장에서 하는 수련은 여러 가지다. 몇 가지를 소개하겠다.

---

3 볼링 게임은 매우 유명한 품새이며, 구글 검색으로 여러 구현 결과를 찾을 수 있다. 원 출처는 다음과 같다. http://butunclebob.com/ArticleS.UncleBob.TheBowlingGameKata

4 도장, 품새, 합 맞추기, 대련이란 용어 대신 일본어로 도조, 카타, 와사, 란도리라 불러도 무방하다. - 옮긴이

5 http://codekata.pragprog.com

6 '실용주의'를 붙여 부르는 이유는 IBM OTI 연구소 출신의 '거장' 데이브 토마스와 구별하기 위해서다.

7 http://codingdojo.org/

품새

무술에서 품새^{kata}(型)란 격투 중인 한 사람을 가상해 일련의 잘 짜인 동작을 모은 것이다. 완벽에 가까워지는 게 목표다. 무술가는 각 동작을 신체가 완벽히 익히고 동작들을 하나의 흐르는 움직임으로 합치기 위해 애쓴다. 훌륭한 품새 시연은 아름답다.

품새는 아름답지만 무대에서 공연하기 위한 용도로 배우지는 않는다. 특정 격투 상황에 반응하도록 몸과 마음을 단련하려는 의도다. 완벽한 동작을 본능적으로 만들어 필요할 때 자동으로 움직이는 게 목표다.

프로그래밍에서 품새란 어떤 문제 풀이를 가상해 만든 키 누름과 마우스 조작을 정교하게 짜 모은 것이다. 이미 해답을 알기 때문에 엄밀히 말해 문제 풀이는 아니다. 그보다 문제 풀이에 포함된 동작들과 결정 내리기를 연습하는 것이다.

이 또한 완벽에 가까워지는 게 목표다. 셀 수 없이 연습을 반복해 두뇌와 손가락이 어떻게 움직이고 반응해야 할지 훈련한다. 연습하면 할수록 움직임과 해결 방법에 미묘한 효율과 개선을 더하게 된다.

품새 연습은 단축키와 코드 관용구^{idiom} 탐색을 익히는 좋은 방법이다. TDD나 지속적 통합^{CI}을 익히는 데도 좋다. 하지만 문제/해결 모음을 무의식 상태에 주입해 실제 프로그래밍에서 문제를 만났을 때 자연스레 해법을 알아내도록 만드는 좋은 방법이라는 점이 제일 중요하다.

프로그래머는 무술가처럼 여러 다른 품새를 익히고 규칙적으로 연습해 기억에서 멀어지지 않도록 해야 한다. http://katas.softwarecraftsmanship.org에 여러 품새를 기록해 놓았다. http://codekata.pragprog.com에서도 다른 품새를 찾을 수 있다. 내가 제일 좋아하는 품새는 다음과 같다.

- 볼링 게임: http://butunclebob.com/ArticleS.UncleBob.TheBowling-GameKata

- 인수분해: http://butunclebob.com/ArticleS.UncleBob.ThePrimeFactors-Kata
- 줄바꿈: http://thecleancoder.blogspot.com/2010/10/craftsman-62-darkpath.html

도전 항목으로 품새를 너무 잘 풀어서 음악 연주처럼 느껴질 때까지 연습하는 법도 있다. 잘 해내기가 쉽지 않다.[8]

합 맞추기

무술 주짓수^{jujitsu}를 배울 때, 도장에서는 짝을 이뤄 합을 맞춰보며 대부분의 시간을 보냈다. 합 맞추기^{wasa}는 두 명이 함께 하는 품새와 비슷하다. 움직임을 정확히 기억해 재현한다. 한 사람은 공격자, 다른 사람은 방어자 역할을 한다. 역할을 바꿔가며 수없이 동작을 반복한다.

프로그래머도 〈핑퐁^{pingpong}〉[9]이라 부르는 비슷한 방식으로 연습한다. 두 명이 짝을 이뤄 품새나 간단한 문제를 고른다. 한 프로그래머가 단위 테스트를 만들면 다른 프로그래머가 그 테스트를 통과하는 코드를 짠다. 그런 다음 역할을 바꾼다.

상대가 표준 품새를 골랐다면 풀이는 이미 알기 때문에 프로그래머는 연습과 더불어 상대의 키 사용, 마우스 동작, 품새를 얼마나 잘 외웠는지를 평가한다. 한편 상대가 새로운 문제를 골랐다면 상황은 좀 더 재미있어진다. 테스트를 만드는 쪽의 프로그래머가 문제 해결 방법에 과도한 통제권을 가지게 된다. 또한 제약 조건 설정에도 큰 권한을 가진다. 예를 들어 프로그래머가 정렬을 구현할 때 사용할 알고리즘을 골랐다면, 테스트 작성자는 짝이 문제를 풀 때 속도와 메모리 공간에 제약을 거는 정도는 간단히 할 수 있다. 이런 방식은 상황을 꽤나 경쟁적이면서도 즐겁게 만든다.

---

8 http://katas.softwarecraftsmanship.org/?p=71

9 http://c2.com/cgi/wiki?PairProgrammingPingPongPattern

대련

대련^{randori}(乱取り)은 형식에 제한이 없는 격투다. 주짓수 도장에서는 다양한 종류의 격투 상황을 만들고 시연한다. 때로는 한 사람에게 방어만 하라고 말한 다음 나머지 사람들이 돌아가며 공격을 한다. 둘 이상의 공격자가 한 사람(보통 사범님^{sensei}을 상대로 하는데 거의 대부분 사범님이 이긴다)을 공격할 때도 있다. 가끔은 2 대 2 포함 다른 여러 방식도 사용한다.

프로그래밍에는 모의 격투에 비유할 딱 들어맞는 상황이 없다. 하지만 여러 코딩 도장에서 대련이라 부르는 시합이 있다. 두 명이 합을 맞추며 서로 문제를 풀게 만드는 것과 비슷하다. 하지만 규칙을 조금 꼬아 여러 명이 진행한다는 차이가 있다. 벽에 큰 화면을 띄우고 한 사람이 테스트를 만들고 자리에 앉는다. 다음 사람이 테스트를 통과하게 만들고 그 다음 테스트까지 만든다. 탁자에 둘러앉아 돌아가면서 하거나 단순히 줄을 서서 진행해도 움직인다는 느낌만 들면 괜찮다. 어떤 식으로 하더라도 아주 즐거운 연습이 된다.

이런 과정을 겪으면 놀랄 정도로 많은 것을 배우게 된다. 다른 사람이 문제 푸는 방식을 보면서 어마어마한 통찰을 얻는다. 이런 통찰로 자신의 풀이 방식을 넓히고 기술을 발전시킨다.

경험의 폭 넓히기

프로 프로그래머는 종종 다양한 문제를 접하지 못해 곤란해 한다. 회사가 업무에 필수인 단 하나의 언어, 플랫폼, 도메인을 강요하는 경우가 많다. 영향력을 넓히지 못하면 자신의 경력과 사고 방식이 해로울 정도로 좁아진다. 이런 프로그래머는 주기적으로 산업 기반이 뒤바뀔 때 대처하지 못한다.

오픈소스

변화의 물결을 따라잡는 한 가지 방법은 의사나 변호사처럼 하는 것이다. 오픈소스 프로젝트에 기여해 공익에 봉사^{pro-bono}하라. 오픈소스는 수없이 많으며 다른 사람들이 관심을 가지는 일에 적극적으로 뛰어드는 행동은 자신의 기술 목록을 다양화하는 최고의 방법이다.

따라서 자바 프로그래머라면 Rails 프로젝트에 기여하라. 회사에서 C++를 많이 쓴다면 파이썬 프로젝트를 찾아 기여하라.

연습에 관한 윤리

프로 프로그래머는 개인 시간에 연습한다. 직원의 기술 연마를 돕는 일은 회사가 꼭 해야만 하는 일이 아니다. 직원의 이력서를 광내는 일도 회사가 할 일이 아니다. 환자들은 봉합 기술을 연습하라고 의사에게 돈을 내지 않는다. 풋볼 경기 관람객들은 (보통은) 선수들이 타이어 사이를 달리는 모습을 보려고 돈을 내지 않는다. 연주회 참석자는 음악가가 음계 연습하는 소리를 들으려고 돈 내지 않는다. 마찬가지로 프로그래머를 고용한 회사는 연습 시간에 급여를 지불하지 않는다.

연습 시간은 개인 시간이므로 회사에서 쓰는 언어나 플랫폼을 쓰지 않아도 된다. 맘에 드는 언어를 골라 여러 언어에 능숙해지도록 기술을 연마하자. 업무에 .NET을 사용한다면 점심 시간이나 집에서는 자바나 루비를 연습하자.

결론

모든 프로는 어떤 식으로든 연습을 한다. 연습을 하는 이유는 가능한 한 최고의 기량으로 업무를 수행해야 한다는 사실에 신경을 쓰기 때문이다. 더구나 개인 시간까지 바쳐 연습하는 이유는 기술을 갈고 닦는 일이 회사의 의무가 아니라 자신의 의무라는 사실을 알기 때문이다. 연습은 급여를 받지 않는 시간에 한다. 하지만 연습을 함으로써 취업해서 급여를 받게 되고, 더불어 괜찮은 급여를 받게 된다.

참고문헌

브라이언 커니건 & 데니스 리치의 『C 언어 프로그래밍』(대영사, 2005)

로버트 마틴의 『소프트웨어 개발의 지혜』(야스미디어, 2004)

7장
인수 테스트

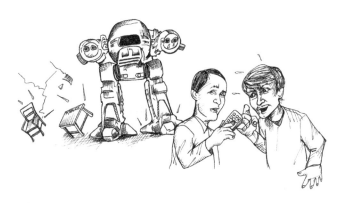

개발은 물론이고 의사소통 또한 프로 개발자의 임무다. 입력이 형편없으면 출력도 형편없다$^{garbage-in/garbage-out}$는 사실은 프로그래머에게도 해당된다는 점을 명심하자. 따라서 프로 프로그래머는 팀 동료나 사업부와의 의사소통이 정확하고 도움이 되도록 신경 써야 한다.

요구사항 관련 의사소통

프로그래머와 사업부 사이의 가장 흔한 의사소통 쟁점은 요구사항^{requirement}이다. 사업부에서 자신들이 필요하다고 믿는 바를 나름대로 설명하면, 프로그래머들은 사업부에서 이런 식으로 서술했다고 믿는 바를 나름대로 구현한다. 최소한 이 정도는 해내야 한다. 그러나 현실에서는 요구사항 관련 의사소통은 엄청나게 어렵고, 그 과정에는 오류가 가득하다.

1979년 테러다인에서 일할 때, 설치 및 현장 업무 매니저인 톰이 찾아왔다. 톰은 ED-402 텍스트 편집기로 간단한 결함 보고 시스템을 어떻게 만드는지 알려달라고 했다.

ED-402는 테러다인의 PDP-8의 복제품인 M365 컴퓨터용으로 만든 독점 편집기로 아주 강력했다. 내장 스크립트 언어를 사용해 여러 가지 간단한 텍스트 애플리케이션을 만들기도 했다.

톰은 프로그래머가 아니었지만, 생각해 둔 애플리케이션이 단순했기 때문에, 잠깐만 배워도 스스로 애플리케이션을 만들 수 있으리라 생각했다. 순진하게도 나도 같은 생각이었다. 사실 내장 스크립트 언어는 매우 기초적인 결정문과 반복문으로 명령어를 편집하는 매크로 언어일 뿐이었다.

아무튼 나는 톰의 옆에 앉아 애플리케이션이 어떻게 동작해야 하는지를 물었다. 톰은 초기 화면부터 설명을 시작했다. 나는 스크립트 문장을 담은 텍스트 파일을 만드는 법과 편집 명령어를 기호로 표현해서 스크립트로 옮기는 과정을 보여줬다. 하지만 톰은 어리둥절한 표정이었다. 내 설명을 전혀 이해하지 못한 듯 보였다.

이런 상황은 처음이었다. 편집 명령어를 기호로 표현하는 일은 간단한 일이었다. 예를 들어 Control+B 명령어(커서를 현재 라인 시작 위치로 옮기는 명령어)를 나타내려면 그저 스크립트 파일에 ^B를 치면 되는 일이었다. 하지만 톰은 전혀 이해하지 못했다. 톰은 보통 파일을 편집하는 일과 다른 파일을 편집하는 기능을 가진 파일을 편집하는 일의 차이를 이해하지 못했다.

톰은 바보가 아니었기 때문에, 내가 보기에는 그저 애초 생각보다 훨씬 많이 노력해야 한다는 사실을 깨닫고는, 애써 시간과 노력을 소모해 엄청나게 어려운 명령어 편집기를 배우고 싶지 않았던 듯 했다.

그래서 톰이 옆에 앉아서 바라보는 동안 조금씩 애플리케이션을 구현해냈다. 채 20분이 지나기도 전에 톰의 주안점은 편집기 사용법 배우기에서 자신이 원하는 대로 내가 잘 만드는지 확인하기로 바뀌었다.

그 일은 하루 종일 걸렸다. 톰이 기능을 설명하면 그 앞에서 애플리케이션을 구현했다. 이런 과정이 약 5분에 한 번 정도로 반복됐기 때문에 톰은 자리를 벗어나 다른 일을 할 이유가 없었다. 톰이 X를 해달라고 하면, 나는 5분 이내에 X를 만들었다.

가끔씩 톰은 바라는 바를 종이에 그림으로 그리기도 했다. 톰이 바라는 기능 중 일부는 ED-402에서 구현하기 어려워, 다른 기능을 제안했다. 그러다 제대로 돌아갈 법한 기능이라고 의견이 같아지면, 내가 그 기능을 동작하게 만들었다.

하지만 이것저것 함께 해보다가 톰이 마음을 바꿔서, "아, 그건 내가 바라던 흐름이 아니야. 다른 방식으로 해보자."라고 말하는 경우도 있었다.

이렇게도 해봤다가 저렇게 해보기도 했다. 몇 시간에 걸쳐 이리 저리 이것저것을 휘두르며 만지작거리기를 되풀이해 애플리케이션을 만들어냈다. 그러자 톰은 조각가였고 나는 톰이 휘두르는 도구였다는 사실을 깨달았다.

마침내 톰은 원하는 애플리케이션을 얻었지만 다음에 필요할지 모르는 또 다른 애플리케이션을 만드는 법은 배우지 못했다. 반면에 나는 고객들이 자신이 바라는 바를 어떤 식으로 깨닫게 되는지에 대해 강력한 교훈을 배웠다. 어떤 기능에 대한 고객들의 예상은 컴퓨터로 구현하고 나서 보면 그 예상이 틀린 경우가 잦다는 사실도 배웠다.

시기상조의 정밀도

사업부와 프로그래머는 모두 시기상조의 정밀도$^{premature\ precision}$라는 함정에 빠지기 쉽다. 사업부는 프로젝트를 승인하기 전에 일이 어떻게 진행될지 정확히 알고 싶어한다. 개발자들은 프로젝트를 추정하기 전에 어떤 제품을 만들어야 할지 정확히 알고 싶어한다. 한마디로 말해 양쪽이 원하는 정밀도는 불가능하고, 그런 정밀도를 얻기 위해 예산을 낭비하는 일도 많다.

불확실성의 원칙

문제는 서류와 실제 시스템 동작이 다르다는 점이다. 사업부는 자신들이 서술했던 내용이 실제 시스템에서 돌아가는 모습을 보자마자, 원했던 내용이 전혀 아니라는 사실을 깨닫는다. 요구사항이 실제 동작하는 모습을 보고 나면 더 나은 생각이 떠오르는데, 그 생각은 대개 눈앞의 시스템과 많이 다르다.

현장 업무에는 관찰자 효과라고도 부르는 불확실성의 원칙이 존재한다. 사업부에 기능 하나를 선보이면 사업부는 새로운 정보를 얻게 되고, 그 새로운 정보는 전체 시스템을 보는 시각에 영향을 미친다.

그러다 보면 요구사항이 정밀해질수록 최종 구현된 시스템과 초기 요구사항의 차이는 더 벌어진다.

불안한 추정

개발자 또한 정밀도 함정에 빠진다. 개발자는 시스템 구현을 추정해야 한다. 그리고 시스템 추정에 정밀도가 필요하다고 생각하지만, 그렇지 않다.

첫째로 완벽한 정보로 추정을 한다 해도 추정에는 큰 편차가 생기고야 만다. 둘째로 불확실성 원칙이 초기 정밀도를 엉망으로 만든다. 요구사항은 반드시 바뀌기 때문에 초기 정밀도는 고려할 가치가 없다.

프로 개발자는 정밀도가 낮은 요구사항을 바탕으로 추정해야 할 때가 많고, 그런 추정이 말 그대로 추정이라는 사실을 잘 안다. 프로 개발자는 이를 보강하려고 항상 추정에 오차범위를 추가해 사업부에서 불확실성을 이해하게 만든다(10장 참조).

때늦은 모호함

시기상조의 정밀도를 해결하려면 가능한 정밀도를 늦추면 된다. 프로 개발자들은 개발 직전까지도 요구사항에 살을 붙이지 않는다. 하지만 이러다 보면 또 다른 병폐인 때늦은 모호함$^{late\ ambiguity}$으로 이어지게 된다.

이해당사자들은 의견이 어긋나는 경우가 잦다. 그런 경우 의견 불일치를 해결하기보다는 매끄러운 말솜씨로 우회하는 게 더 쉽다는 것을 알게 된다. 실제로 분쟁을 해결하지 않고, 모두가 동의하도록 요구사항의 표현을 바꾸는 방법을 찾아낸다. 한 번은 톰 디마르코$^{Tom\ DeMarco}$가 다음과 같이 말하는 것을 들었다. "요구사항 문서의 모호함은 이해당사자들 간의 논쟁을 대변한다."[1]

물론 논쟁이나 의견 불일치가 없어도 모호함이 생기기도 한다. 때때로 이해당사자들은 단순히 자신의 독자들의 자신들이 의미하는 바를 알고 있다고 가정한다.

이해당사자가 보기엔 완벽하게 분명한 일도, 그걸 판독하는 프로그래머에게는 뭔가 완전히 다른 의미가 되기도 한다. 이런 종류의 문맥상 모호함은 고객과 프로그래머가 얼굴을 맞대는 경우에도 일어난다.

샘(이해당사자): "좋아, 이제 이 로그 파일들을 백업해야겠는데."

폴라: "그래, 얼마마다 한 번씩 하지?"

샘: "매일."

폴라: "알았어. 그럼 어디다 저장하지?"

샘: "무슨 말이야?"

폴라: "특정 서브 디렉토리에 저장하면 좋겠어?"

샘: "그래, 그럼 좋겠다."

---

1 XP Immersion 3, May, 2000. http://c2.com/cgi/wiki?TomsTa lkAtXpImmersionThree

폴라: "이름은 뭐라고 하지?"

샘: "'백업' 어때?"

폴라: "좋아, 그게 좋겠다. 그럼 매일같이 로그 파일을 백업 디렉토리에 복사하기로 하지. 시간은?"

샘: "매일."

폴라: "아니, 내 말은 하루 중 몇 시에 복사하느냐는 말인데?"

샘: "아무 때든 상관없지."

폴라: "점심 때?"

샘: "아니, 업무시간 말고 자정이 더 좋을 것 같은데."

폴라: "알았어, 그럼 자정으로."

샘: "좋아, 수고했어!"

폴라: "얼마든지."

나중에, 폴라는 팀 동료 메이트 피터에게 업무에 대해 이야기한다.

폴라: "오케이, 로그 파일을 백업이라는 이름의 서브 디렉토리에 매일 자정에 복사해야 해."

피터: "응, 파일명은 뭐로 하지?"

폴라: "log.backup이라고 하면 되겠지."

피터: "알았어."

다른 사무실에서는 샘이 고객과 통화를 하는 중이다.

샘: "네, 네, 로그 파일을 보관할 겁니다."

칼: "좋아요, 로그는 하나라도 잃어버리면 절대 안 됩니다. 몇 개월 아니 몇 년 후에도, 정전, 사고나 분쟁이 생길 때마다 백업한 로그 파일을 사용해 복구해야 합니다."

샘: "걱정 마십쇼, 방금 폴라에게 지시했습니다. 폴라가 매일 밤 자정에 백업이라는 이름의 디렉토리에 로그 파일들을 저장해놓을 겁니다."

칼: "좋아요, 그럼 되겠네요."

이제 당신은 모호함에 대해 눈치챘을 것이다. 고객은 모든 로그 파일들이 저장될 것이고, 폴라는 지난 밤의 로그 파일만 저장되기를 원했을 것이라고 단순하게 생각했다. 고객이 수개월 분의 로그 파일 백업을 찾을 때, 그들은 그저 지난 밤 분량만 보게 된다.

이 사례에서 폴라와 샘은 실수를 저질렀다. 요구사항에서 모든 모호함을 제거하는 일이 프로 개발자(그리고 이해당사자)의 책임이다.

이는 어려운 일이며 내가 아는 한 이를 처리하는 방법은 단 하나다.

인수 테스트

인수^{acceptance} 테스트라는 용어는 너무 과다하게 남용된다. 어떤 이들은 사용자가 배포본을 인수하기 전에 시행하는 테스트라고 생각한다. 그리고 다른 이들은 QA 테스트라고 여긴다. 이 장에서 우리는 인수 테스트를 요구사항이 언제 완료되는지를 정의하기 위해 이해당사자들과 프로그래머들이 힘을 모아 작성하는 테스트라고 정의한다.

'완료'에 대한 정의

프로 소프트웨어 개발자로써 직면하는 가장 흔한 모호함들 중 하나는 '완료'라는 모호함이다. 개발자가 어떤 업무를 완료했다고 말할 때, 그 의미는 무엇인가? 개발자가 완전한 확신을 가지고 그 기능을 배포할 준비가 됐다면 완료를 한 것인가? 아니면, QA 과정을 거칠 준비가 됐다는 말인가? 또는 다 만들고 한 번 돌려보기는 했으나, 아직 테스트는 제대로 하지 않은 상태를 말할지도 모른다.

나는 '완료done'와 '끝마침complete'이라는 단어들에 대해 다른 정의를 내렸던 팀들과 일한 적이 있다. 어떤 팀은 '완료'와 '완료-완료'라는 용어를 사용했다.

프로 개발자에게 완료에 대한 정의는 단 하나 뿐이다. 완료란 다 됐다는 뜻이다. 완료란 모든 코드를 작성했고, 모든 테스트를 통과했음을 말하는 것이고, QA 전문가와 이해당사자들이 이를 인수했다는 뜻이다. 이게 완료다.

하지만 어떻게 해야 이 정도로 높은 완료 수준을 지키는 동시에 한 반복 주기 iteration에서 다음 반복 주기로 빠르게 넘어갈 수 있을까? 위 기준을 만족하는 자동화 테스트를 만들고 통과하면 된다! 각 기능에 대한 인수 테스트를 통과해야만 업무가 완료된다.

프로 개발자는 요구사항을 정의할 때 자동화된 인수 테스트를 적극 사용한다. 이해당사자와 QA 전문가와 함께 일하며 인수 테스트가 완료의 명세specification를 완전히 아우르게 만든다.

> 샘: "자, 이제 이 로그 파일들을 백업해야겠네."
>
> 폴라: "그렇지, 얼마마다 한 번씩 할까?"
>
> 샘: "매일 하자."
>
> 폴라: "맞아. 그럼 어디다 저장할까?"
>
> 샘: "무슨 뜻이야?"
>
> 폴라: "특정 서브 디렉토리에 저장하고 싶어?"

샘: "그래, 그게 좋겠다."

폴라: "이름은 뭐라고 할까?"

샘: "'백업' 어때"?

톰(시험자): "잠깐만, 백업은 너무 흔하잖아. 이 디렉토리에 뭐 저장할 거야?"

샘: "백업들이지."

톰: "어떤 백업들인데?"

샘: "로그 파일들이지."

폴라: "하지만 로그 파일은 하나밖에 없는데."

샘: "아니야, 많아. 매일 하나씩 생기는데."

톰: "네 말은 활성 로그 파일이 하나 있고, 로그 파일 백업은 여러 개라는 뜻이야?"

샘: "물론이지."

폴라: "아! 난 네가 단지 임시 백업 하나만 원하는 것이라고 생각했어."

샘: "아니야, 고객은 모든 로그 파일을 영원히 보관하기를 원해."

폴라: "처음 듣는 얘기야. 좋아, 이제 분명해져서 좋네."

톰: "그럼 서브 디렉토리 이름은 그 내용을 정확히 알 수 있어야 돼."

샘: "그 디렉토리에는 모든 비활성 로그들이 들어 있어."

톰: "그럼 old_inactive_logs라고 하자."

샘: "좋았어."

톰: "그럼 이 디렉토리는 언제 만들지?"

샘: "응?"

폴라: "시스템이 구동될 때 디렉토리를 만들어야 하지만, 디렉토리가 이미 존재하지 않는 경우에만 그래."

톰: "좋아, 첫 번째 테스트는 이렇게 될 거야. 시스템을 구동시켜서 old_inactive_logs 디렉토리가 생성되는지 봐야 되겠다. 그 다음에 그 디렉토리에 파일 하나를 추가해야지. 그리고 나서 재시작을 하고, 두 디렉토리와 해당 파일이 그 안에 아직 있는지 확인해야 돼."

폴라: "그 테스트는 구동시키는 데 시간이 많이 걸려. 이미 시스템 시작에 20초나 걸리는데다 그 시간이 늘어나고 있어. 게다가, 인수 테스트를 구동할 때마다 전체 시스템 빌드를 안 했으면 좋겠는데."

톰: "어떻게 하면 좋겠어, 그럼?"

폴라: "SystemStarter 클래스를 만들어야지. 메인 프로그램은 명령 패턴Command puttern을 따르게 되어 있는 StartupCommand 객체들과 함께 SystemStarter 클래스를 로드할 거야. 그러면 SystemStarter는 시스템 시작 도중 모든 StartupCommand 객체를 실행할 거야. 그런 StartupCommand 하위 클래스 중 하나가 old_inactive_logs 디렉토리를 만들 테지만, 디렉토리가 없는 경우에만 만들지."

톰: "아, 알았어, 그럼 나는 그 StartupCommand 하위 클래스만 테스트하면 되겠군. FitNesse 테스트를 간단히 만들어 볼게"

톰이 보드 쪽으로 간다.

"FitNesse 테스트의 처음은 이렇게 될 거야."

```
given the command LogFileDirectoryStartupCommand
given that the old_inactive_logs directory does not exist
when the command is executed
then the old_inactive_logs directory should exist
```

```
and it should be empty
```

"다음은 이렇게 하면 돼."

```
given the command LogFileDirectoryStartupCommand
given that the old_inactive_logs directory exists
and that it contains a file named x
When the command is executed
Then the old_inactive_logs directory should still exist
and it should still contain a file named x
```

폴라: "맞아, 그 정도면 될 거야."

샘: "와, 필요한 게 이렇게나 많아?"

폴라: "샘, 두 테스트 중에 안 중요한 테스트가 있다는 거야?"

샘: "내 말은 모든 테스트를 생각해서 작성하려면 일이 엄청 많을 것 같다는 뜻이야."

톰: "그렇지, 하지만 수작업 테스트 계획을 만드는 정도면 돼. 수작업 테스트를 하고 또 하는 거에 비하면 약과지."

의사소통

인수 테스트의 목적은 소통, 명확성 및 정밀성이다. 개발자, 이해당사자 및 테스터 모두 동의함으로써 시스템 행동을 위한 계획을 이해한다. 모든 당사자들이 이런 명확성 획득에 책임이 있다. 프로 개발자는 모든 당사자들이 무엇을 만들 것인가에 대한 인지보장을 위해 이해당사자 및 테스터와 함께 하는 작업에 책임을 진다.

자동화

인수 테스트는 언제나 자동화해야 한다. 소프트웨어 생명주기에 수작업 테스트 과정이 있지만, 인수 테스트는 결코 수작업이 되어서는 안 된다. 그 이유는 단순하다. 비용 때문이다.

그림 7.1을 고려해보자. 그림에 보이는 손들은 대형 인터넷회사의 QA 관리자의 손이다. 그가 들고 있는 문서는 수작업 테스트 계획서의 목차다. 해외에 있는 어마어마한 수의 수작업 테스터들이 6주마다 이 테스트를 수행한다. 매번 10억원 이상의 비용을 쓴다. 회의에서 매니저가 예산을 50% 삭감해야 한다고 말하는 것을 방금 듣고 돌아왔기 때문에 문서를 들고 있는 것이다. 나에게 던진 질문은 "이 테스트들 중 어떤 절반을 실행하지 말아야 하는가?"다.

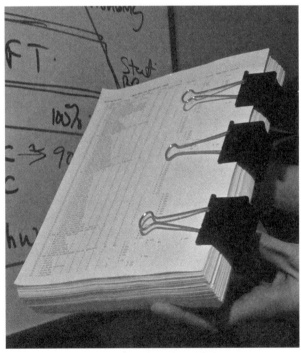

그림 7.1 수작업 테스트 계획서

이러한 상황에는 재앙이란 말도 대단히 절제한 표현이 될 것이다. 수작업 테스트 계획을 실행하는 비용은 너무 비싸기 때문에 이를 포기하고 제품의 기능이 절반만 동작해도 아무도 눈치채지 못하길 바라며 살아가기로 결정한 것이다.

프로 개발자들은 이런 종류의 상황이 발생하지 않도록 한다. 수작업 테스트는 스크립트를 사람이 실행하기 때문에 경제적 타당성이 전혀 없는데 반해, 자동화한 인수 테스트는 비용이 매우 저렴하다. 프로 개발자들은 인수 테스트 자동화의 보장에 책임을 진다.

인수 테스트 자동화를 쉽게 만들어주는 수많은 오픈소스와 상업용 도구들이 있는데, 약간만 예를 들자면 FitNesse, Cucumber, cuke4duke, robot framework, Selenium 등이 있다. 이런 도구들은 프로그래머가 아닌 사람도 읽고, 이해하고, 심지어 만들 수 있는 형태로 자동화된 테스트를 구현하게 해준다.

추가 작업

샘의 작업에 대한 지적은 이해가 간다. 이런 인수 테스트를 만드는 일은 정말 엄청난 추가 작업처럼 보인다. 하지만 그림 7.1을 보면 전혀 추가 작업이 아님을 알 수 있다. 이런 테스트를 만드는 것은 시스템의 명세(spec)를 명확히 하는 작업일 뿐이다. 이 정도로 세부적인 수준의 명세는 프로그래머인 우리들이 '완료'의 의미를 이해하는 유일한 방법이다. 또한 이해당사자가 구매하는 시스템이 필요한 바를 해 내는지 보장하는 유일한 방법이다. 그리고 테스트를 성공적으로 자동화하는 유일한 방법이기도 하다. 그래서 테스트를 추가 작업으로 보지 말고 많은 시간과 비용에 대한 절약으로 보도록 하자. 이런 테스트는 잘못된 시스템 구현을 막고 완료한 때를 알게 해준다.

누가, 언제 인수 테스트를 작성하는가?

이상적이라면 이해당사자와 QA는 이런 테스트의 작성을 돕고, 개발자는 일관성을 검토한다. 현실은 이해당사자는 필요한 세부내역 수준을 들여다 볼 시간도 거의 없고 그렇게 하는 경우도 거의 없다. 그래서 그들은 종종 그 책임을 사업분석, QA, 또는 심지어 개발자들에게 위임한다. 만일 개발자들이 이런 테스트를 꼭 작성해야 하는 것이라고 한다면, 테스트를 작성하는 개발자들은 테스트를 거친 기능을 실행하는 개발자들과는 같지 않다는 점을 유의하자.

테스트는 사업 가치를 가진 기능을 설명하기 때문에, 사업분석가들은 전형적으로 테스트의 '행복한 경로' 버전을 작성한다. QA는 '좋지 않은 경로' 테스트, 경계조건, 예외사항, 그리고 구석 사례들을 작성한다. 그래서 QA 업무는 잘못될 가능성에 대한 생각에 도움을 준다.

인수 테스트는 '늦은 정밀성'의 원칙에 따라 보통 기능 구현 며칠 전에 가능한 늦게 작성해야 한다. 애자일 프로젝트에서 테스트는 다음 반복 주기나 전력질주^{Sprint}에서 구현할 기능을 선정한 후에 작성한다.

최초의 몇몇 인수 테스트는 반복 주기의 첫째 날에 준비가 되어야 한다. 매일 더 많은 인수 테스트를 완성해서 반복 주기의 중간 지점에는 모든 인수 테스트가 준비돼야 한다. 만일 모든 인수 테스트가 반복 주기의 중간 지점까지 준비가 되지 않으면, 몇몇 개발자는 인수 테스트 작성을 끝내기 위해 속도를 올려야 한다. 이런 일이 자주 생기면, 그 팀에 더 많은 BA와 QA들을 추가해야 한다.

개발자의 역할

기능 구현 작업은 그 기능의 인수 테스트가 준비되면 시작한다. 개발자는 새 기능에 대한 인수 테스트를 실행해서 오류 과정을 살핀다. 그런 다음 인수 테스트를 시스템에 연결하는 작업을 하고 원하는 기능을 실행해 테스트 통과 과정을 시작한다.

   폴라: "피터, 이 스토리 좀 도와줄래?"

피터: "그래, 폴라, 뭔데?"

폴라: "여기 인수 테스트가 있는데, 보다시피 오류가 생기네."

```
given the command LogFileDirectoryStartupCommand
given that the old_inactive_logs directory does not exist
when the command is executed
then the old_inactive_logs directory should exist
and it should be empty
```

피터: "그렇네, 모두 빨간색이야. 시나리오를 하나도 안 만들었네. 내가 첫 번째 시나리오를 만들어 볼게."

```
|scenario|given the command _|cmd|
|create command|@cmd|
```

폴라: "전에 createCommand 명령을 만들었나?"

피터: "맞아, 내가 지난 주에 만든 CommandUtilitiesFixture에 들어 있어."

폴라: "알았어, 이제 테스트를 들려보자."

피터: (테스트 실행). "됐어, 첫 라인이 녹색이네, 다음으로 넘어가지."

시나리오와 픽스처에는 너무 신경을 쓰지 말자. 단지 테스트를 시험 중인 시스템과 연결하기 위해 만드는 연결 작업일 뿐이다.

도구들은 모두 테스트 내역을 인식해서 분석하기 위한 패턴 매칭 사용법을 제공하는 것이고, 그런 다음 테스트 내의 데이터를 테스트 중인 시스템으로 공급하는 기능을 불러온다. 조금만 고생하면 되고, 시나리오와 픽스처는 다른 테스트에서 재사용할 수 있다.

요점은 시스템에 인수 테스트를 연결한 다음 테스트를 통과시키는 것은 개발자의 몫이라는 점이다.

테스트 협상과 수동적 공격성

테스트를 만든 사람도 인간이므로 실수를 한다. 때때로 작성된 테스트를 실행시켰을 때 너무 복잡하고 서툴러서 제대로 되지 않는 경우가 있다. 잘못된 가정을 했거나 그냥 틀린 경우도 있다. 이것은 테스트를 통과시키려는 개발자에게 매우 당혹스러운 일이다.

테스트 저자들이 보다 나은 테스트를 만들도록 협상을 하는 것은 프로 개발자의 일이다. 결코 하지 말아야 하는 것은 수동적 공격을 선택해 "그래, 테스트가 이런 식으로 만들어져 있길래 그냥 따랐을 뿐이야"라고 스스로를 몰아가는 일이다.

명심해야 할 일은 팀이 가능한 최상의 소프트웨어를 만드는 데 도움을 주는 것이 프로의 일이라는 것이다. 이는 모든 이가 오류와 실수를 살펴서 그것들을 함께 바로 잡는 것이 필요하다는 뜻이다.

폴라: "톰, 이 테스트가 이상해."

```
ensure that the post operation finishes in 2 seconds.
```

톰: "문제없어 보이는데. 요구사항을 보면 사용자들이 2초 이상 기다리면 안 된다고 하는데, 뭐가 문제지?"

폴라: "문제는 통계적 관점에서만 보증할 수 있다는 거야."

톰: "그래? 그건 좀 애매한데. 요구사항은 2초야."

폴라: "맞아, 99.5% 경우에는 시간을 맞출 수 있어."

톰: "폴라, 요구사항과 다르잖아."

폴라: "하지만 이게 현실이야. 다른 방법으로는 보증할 방법이 없어."

톰: "그럼 샘이 열 받을 텐데."

폴라: "아니야, 사실 이미 그 얘기를 했는데. 정상적인 사용자 경험이 2초 남짓이면 좋다는 거야"

톰: "좋아, 그럼 이 테스트를 어떻게 만들지? 후처리는 보통 2초 이내에 끝난다는 명령문을 어떻게 만들지?"

폴라: "통계적인 관점에서 봐야지."

톰: "후처리를 수천 번 돌려보고 2초 이상 걸리는 일이 없도록 했으면 한다는 거야? 그건 억지야."

폴라: "그건 아니야, 그렇게 하면 실행하는 데 거의 한 시간이 걸릴 거야. 이건 어때?"

```
execute 15 post transactions and accumulate times.

ensure that the Z score for 2 seconds is at least 2.57
```

톰: "와, Z스코어가 뭐야?"

폴라: "그냥 통계 값을 나타내는 거야. 이렇게 하면 어때?"

```
execute 15 post transactions and accumulate times.

ensure odds are 99.5% that time will be less than 2 seconds.
```

톰: "그래, 그건 이해가 되네, 하지만 숨겨진 수학 처리를 믿을 수 있을까?"

폴라: "테스트 보고서의 모든 중간 계산 값을 볼 수 있게 해서 의심 가는 수학 처리를 확인시켜주지."

톰: "알았어, 그럼 나는 좋지."

인수 테스트와 단위 테스트

인수 테스트는 단위 테스트가 아니다. 단위 테스트는 프로그래머가 프로그래머들을 위해 만든다. 단위 테스트는 코드의 최하위 구조와 행동을 설명하는 공식 디자인 문서다. 단위 테스트를 읽는 사람은 사업부가 아니라 프로그래머다.

인수 테스트는 사업부를 위해 사업부가 작성한다(심지어 개발자가 마무리를 했더라도). 인수 테스트는 사업적 관점에서 시스템이 어떻게 운영되어야 하는지를 구체적으로 표시한 공식 요구사항 문서다. 보는 사람은 사업부와 프로그래머다.

테스트를 두 가지나 만드는 일은 불필요하다고 가정함으로써 '추가 작업'을 없애는 일이 달콤해 보일지도 모른다. 단위 및 인수 테스트가 똑같은 사항을 테스트하는 것이 사실이지만, 불필요한 일과는 거리가 멀다.

첫째, 같은 내용을 테스트할지라도, 다른 메커니즘과 경로를 통해서 테스트한다. 단위 테스트는 특정 클래스의 메소드를 호출하면서 시스템 내부로 파고든다. 인수 테스트는 API나 때때로 UI 수준으로 좀 더 원거리에서 시스템을 호출한다. 그래서 양쪽 테스트의 실행 경로는 매우 다르다.

그러나 이런 테스트가 불필요하지 않은 진정한 이유는 주 기능이 테스트가 아니기 때문이다. 테스트라는 사실은 부수적이다. 단위 테스트와 인수 테스트는 첫째가 문서고 둘째가 테스트다. 테스트의 주 목적은 시스템의 디자인, 구조 및 행동을 공식적인 문서화다. 테스트가 자동으로 명세하는 디자인, 구조 및 행동을 검증한다는 사실도 몹시 쓸모가 있지만, 테스트의 진정한 목적은 사양의 명세다.

GUI 및 다른 문제점

GUI는 제대로 명세하기 어렵다. 할 수는 있지만 잘 하기가 쉽지 않다. 그 이유는 미학이라는 게 주관적이어서 논란의 여지가 있기 때문이다. 사람들은 GUI를 능수능란하게 다루고 싶어한다. 서로 다른 폰트, 컬러, 페이지 배열과 작업 흐름을 해보고자 한다. GUI는 항상 변화한다.

그래서 GUI에 대한 인수 테스트 작성이 어렵다. 묘안은 GUI가 일련의 버튼, 슬라이더, 그리드 및 메뉴라기보다는 API인 것처럼 GUI를 만들도록 시스템을 설계하는 것이다. 이상하게 보이지만, 이는 정말 좋은 설계다.

단일 책임 원칙^{SRP}이라는 디자인 원칙이 있다. 이 원칙은 다른 이유로 바뀌는 것들은 분리하고 같은 이유로 바뀌는 것들은 함께 모아야 한다는 내용을 나타낸다. GUI도 예외가 아니다.

GUI의 배치, 형태 및 작업 흐름은 미적 및 효율성의 이유로 변화하지만, GUI의 기본 성능은 이런 변화에도 불구하고 동일하다. 그러므로 GUI에 대한 인수 테스트를 만들 때 빈번하게 바뀌지 않는 기본 추상화의 이점을 누릴 수 있다.

예를 들면, 한 페이지에 여러 버튼이 있는 경우도 있다. 페이지 내의 위치를 기반으로 하여 버튼을 클릭하는 테스트를 만들기보다는, 버튼의 이름에 기초해 클릭을 할 수도 있다. 더 나은 방법은 아마도 각 버튼이 보통 하나씩 갖고 있는 고유 ID를 사용하는 방법이다. 그리드 컨트롤 4줄 3열에 있는 버튼을 선택하기보다 ID가 ok_button인 버튼을 선택하는 테스트를 작성하는 편이 훨씬 낫다.

올바른 인터페이스를 통한 테스트

더 나은 방법은 GUI를 통하는 것보다 실제 API를 통해서 기본 시스템의 기능을 불러오는 테스트를 작성하는 것이다. 이 API는 GUI가 사용하는 API와 같아야 한다. 새로운 내용이 아니다. 설계 전문가들은 수십 년 동안 업무 규칙^{business rule} 과 GUI를 분리하라고 말해왔다.

GUI를 통한 테스트는 단지 GUI만을 테스트하는 것이 아니라면, 항상 문제가 있다. 그 이유는 GUI가 변화할 가능성이 커서 테스트를 매우 취약하게 만들기 때문이다. 모든 GUI 변경이 수천 개의 테스트를 망칠 때, 테스트를 버리거나 GUI 변경을 그만두게 된다. 하지만 두 가지 모두 좋은 선택은 아니다. 그러므로 GUI 바로 아래에 위치한 API를 통과하기 위한 업무 규칙 테스트를 만들어라.

어떤 인수 테스트는 GUI의 행동을 명세한다. 이런 테스트들은 필히 GUI를 거쳐야만 한다. 하지만 업무 규칙을 테스트하는 것이 아니므로 업무 규칙을 GUI에 연결할 필요는 없다. 그러므로 GUI와 업무 규칙을 분리해서, GUI를 테스트하는 동안, 업무 규칙을 스텁^{stub}으로 교체하는 것이 좋다.

GUI 테스트를 최소한으로 유지하라. 테스트들은 GUI의 취약성으로 인해 깨지기 쉽다. GUI 테스트가 늘어날수록 그 테스트를 유지해나갈 가능성은 낮아진다.

지속적 통합

지속적 통합 시스템을 사용해 모든 단위 테스트와 인수 테스트를 하루에 몇 번이라도 실행할 수 있도록 확실히 하라. CI 시스템의 시작점은 소스코드 제어시스템이 되어야 한다. 누군가가 어떤 모듈을 커밋할 때마다, CI 시스템은 빌드를 시작하고 모든 테스트를 실행해야 한다. 테스트 실행 결과를 팀 내 모든 인원에게 이메일로 보내야 한다.

출시를 멈춰라

언제나 CI 테스트가 동작하도록 유지하는 일이 매우 중요하다. CI 테스트는 결코 실패하면 안 된다. 실패하면 전체 시스템의 실행을 멈추고 오류를 바로잡아 테스트가 다시 통과하는 데 집중해야 한다. CI 시스템 내의 깨어진 빌드는 비상 상황, '출시 중단' 이벤트로 간주해야 한다.

나는 깨진 테스트를 심각하게 받아들이지 못한 팀들에게 자문을 해왔다. 그들은 '너무 바빠서' 깨진 테스트를 바로잡을 수 없었기 때문에 나중에 고치기로 하고 내버려뒀다. 한 번은 그 팀이 오류가 생기는 상황을 보는 게 너무 불편해서 빌드에서 깨진 테스트를 실제로 빼버린 경우가 있었다. 그 빌드를 고객에게 보낸 다음, 화가 난 고객이 오류를 알리려고 전화를 하고 나서야 테스트를 빌드 과정에 되돌려 넣어야 한다는 사실을 잊었음을 알아차렸다.

결론

세부사항에 대한 의사소통은 어렵다. 특히 애플리케이션의 세부사항에 대해 의사소통을 해야 하는 프로그래머와 이해당사자에게 들어맞는 말이다. 서로에게 말없이 손만 흔든 다음 상대방이 이해했을 거라 가정해 버리면 일은 너무 쉬워진다. 양 당사자들이 완전히 다른 개념으로 이해하고 헤어지는 경우가 너무 흔하다.

8장

테스트 전략

프로 개발자는 작성한 코드를 테스트한다. 테스트는 단순히 단위 테스트나 인수 테스트 작성만으로 끝나는 문제가 아니다. 단위 테스트나 인수 테스트 작성은 훌륭한 일이긴 하지만 결코 충분치 않다. 프로 개발팀이라면 훌륭한 테스트 전략이 필요하다.

1989년, 나는 래셔널^{Rational} 사에서 Rose의 첫 출시를 앞두고 있었다. QA 관리자는 대략 한 달에 한 번씩 날을 잡아 '오류 사냥^{Bug Hunt}' 행사를 열었다. 프로그래머부터 팀장은 물론 비서와 DB 관리자까지 모두 자리에 앉아 Rose가 오작동하도록 이리저리 만졌다. 여러 가지 오류에 따라 상품도 다양했다. 강제종료 오류^{crashing bug}를 발견한 사람은 저녁 식사 상품권 2장을 받았다. 가장 많은 오류를 찾은 사람은 멕시코의 휴양지 몬터레이에서 주말을 보낼 수 있었다.

QA는 오류를 찾지 못해야 한다

전에도 말했지만 다시 한 번 강조한다. 회사에 소프트웨어를 테스트하는 QA팀이 따로 있더라도, 개발팀은 QA가 잘못된 점을 찾지 못하는 상태를 목표로 삼아야 한다.

물론 마음먹었다고 척척 달성할 수 있는 목표는 아니다. 똑똑한 친구들을 모아 제품의 모든 결점과 부족한 부분을 열심히 잡아보아도, QA는 어떻게든 오류를 찾아낸다. QA가 뭔가를 발견할 때마다 개발팀은 간담이 서늘해져야 정상이다. 개발팀은 오류가 어떻게 발생했는지 자신에게 물어보고 또 발생하지 않도록 조치를 취해야 한다.

QA는 같은 팀이다

여기까지 읽다 보면 QA와 개발자가 서로 대립하는 사이이며 적대적인 관계로 보일지도 모른다. 하지만 이는 내 생각과 정반대다. QA와 개발자는 시스템 품질 향상을 위해 힘을 합쳐야 한다. 팀원으로서 QA의 가장 중요한 역할은 명세 서술^{specifier}과 특징 묘사^{characterizer}다.

QA의 명세 서술

QA의 역할은 사업부와 함께 자동화된 인수 테스트를 만드는 일이다. 그렇게 만든 인수 테스트는 시스템에 대한 진정한 명세서이자 요구사항 문서다. QA는 반복에 반복을 거쳐 사업부에서 나오는 요구사항을 수집하고, 수집한 요구사항을 테스트로 번역하며, 그렇게 번역한 테스트는 시스템이 어떻게 동작해야 하는지를 서술한다(7장 참고). 보통 사업부는 행복한 경로happy-path의 테스트를 만들고 QA는 모퉁이 조건, 경계 조건, 불행한 경로unhappy-path의 테스트를 만든다.

QA의 특징 묘사

QA의 또 다른 역할은 탐색 테스트exploratory testing[1]를 수행해 작동 중인 시스템의 실제 동작을 묘사하고 이 동작을 개발팀과 사업부에 보고하는 일이다. 특징 묘사 역할의 QA는 요구사항을 번역하는 게 아니라 시스템의 실제 동작을 식별하는 일을 맡는다.

테스트 자동화 피라미드

프로 개발자는 단위 테스트를 만들기 위해 테스트 주도 개발 원칙을 따른다. 프로 개발팀은 인수 테스트로 시스템을 명세화하고 지속적 통합으로(7장 168페이지) 고친 오류가 다시 생기지 않도록 한다. 하지만 이런 테스트는 전체 이야기의 일부분에 지나지 않는다. 단위 테스트와 인수 테스트 묶음suite은 쓸모가 많긴 하지만, QA가 오류를 찾지 못하리라는 확신을 가지려면 상위 계층 테스트 또한 필요하다. 그림 8.1은 프로 개발 조직에서 필요한 테스트 자동화 피라미드[2]다.

---

1   http://www.satisfice.com/articles/what_is_et.shtml
2   마이코 콘(Mike Cohn)의 『경험과 사례로 풀어낸 성공하는 애자일』(인사이트, 2012)

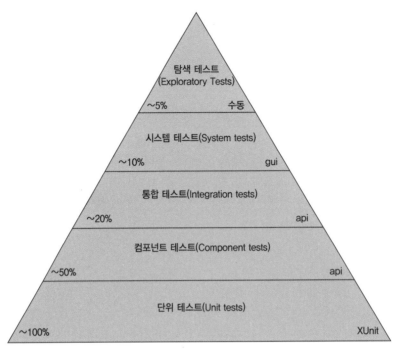

그림 8.1 테스트 자동화 피라미드

단위 테스트

피라미드의 가장 아래 계층은 단위 테스트다. 단위 테스트는 프로그래머에 의해, 프로그래머를 위해 시스템 프로그래밍 언어로 만든 테스트다. 이 테스트는 시스템의 최하위 계층을 명세하려는 의도로 만든다. 개발자들은 제품 코드를 만들기 전에 만들려는 제품 코드를 명세하려고 테스트 코드를 먼저 만든다. 테스트 코드는 지속적 통합의 일부로 실행되어 프로그래머가 의도한 바를 지켜낸다.

단위 테스트의 커버리지는 최대한 100%에 가까워야 한다. 보통 커버리지의 목표는 90~99% 사이가 돼야 한다. 커버리지는 진정한 커버리지를 뜻하며, 코드의 동작을 단언[assert]하지 않고 넘어가는 가짜 테스트와는 반대다.

컴포넌트 테스트

컴포넌트 테스트는 7장에서 말한 인수 테스트의 일종이다. 보통 컴포넌트 테스트의 대상은 시스템의 독립 컴포넌트다. 시스템의 컴포넌트는 업무 규칙을 감싸고 있기 때문에, 컴포넌트를 대상으로 한 테스트는 해당 업무 규칙을 테스트하는 인수 테스트다.

그림 8.2처럼 컴포넌트 테스트는 컴포넌트를 감싸고 있다. 컴포넌트에 입력 데이터를 넣고 출력 값을 받아 모은다. 입력 값에 대해 출력 값이 올바른지 테스트한다. 테스트 대상이 아닌 다른 시스템 컴포넌트는 적절한 모의^mock 컴포넌트와 테스트 대역^test-doubling 기법으로 테스트로부터 분리한다.

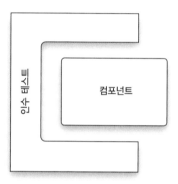

그림 8.2 컴포넌트 인수 테스트

QA와 사업부는 개발팀의 도움을 받아 컴포넌트 테스트를 만든다. FitNesse, JBehave, Cucumber 같은 컴포넌트 테스트 개발 환경을 사용한다(GUI 컴포넌트는 Selenium이나 Watir 같은 GUI 테스트 환경으로 테스트한다). 사업부가 테스트를 직접 만들지 않는 경우에도 테스트를 읽고 이해해야 하기 때문이다

컴포넌트 테스트는 대략 시스템의 절반 정도를 감당한다. 행복한 경로^happy-path 쪽에 치우쳐 있으며 모퉁이 조건, 경계 조건, 대체 경로^alternate-path 는 아주 명백한 경우만 처리한다. 불행한 경로^unhappy-path 는 대부분 단위 테스트로 처리하며 컴포넌트 테스트에서는 의미가 없다.

통합 테스트

통합integration 테스트는 여러 컴포넌트로 이뤄진 큰 시스템에서만 의미가 있다. 그림 8.3처럼 컴포넌트 묶음을 모아 묶음끼리 제대로 상호작용하는지 테스트한다. 테스트 대상이 아닌 시스템의 다른 컴포넌트는 보통 적절한 모의mock 컴포넌트와 테스트 대역test-double으로 테스트와 분리한다.

통합 테스트는 안무choreography 테스트다. 업무 규칙은 테스트하지 않고 조립한 컴포넌트 묶음끼리 얼마나 잘 어우러져 춤을 추는지 테스트한다. 통합 테스트는 배관plumbing 테스트다. 컴포넌트끼리 서로 적절히 연결되어 또렷이 소통하는지 테스트하기 때문이다.

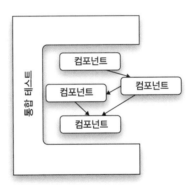

그림 8.3 통합 테스트

통합 테스트는 대개 시스템 아키텍트나 수석 설계자가 만든다. 통합 테스트는 시스템 구조 설계가 튼튼하다는 사실을 보장한다. 성능 테스트나 처리량throughput 테스트를 하기도 하는 단계다.

통합 테스트는 대개 컴포넌트 테스트에 썼던 언어와 환경으로 만든다. 실행에 시간이 많이 들기 때문에 보통 지속적 통합 때는 돌리지 않는다. 대신 주기적으로(매일 밤, 주 단위 등) 만든 이가 필요할 때마다 테스트를 돌린다.

시스템 테스트

시스템 테스트는 통합한 시스템 전체를 대상으로 하는 자동화 테스트다. 다시 말해 궁극적인 통합 테스트다. 직접적으로 업무 규칙을 테스트하지 않는다. 시스템이 올바르게 연결됐고 각 부분이 계획에 따라 상호작용하는지 테스트한다. 보통 성능이나 처리량 테스트는 이 단계에서 한다.

시스템 테스트는 시스템 아키텍트나 기술 책임자가 만든다. 대개 UI 통합 테스트에서 썼던 언어와 환경으로 만든다. 실행 속도에 비해 비교적 자주 돌리는 편이지만 자주 돌리면 더 좋다.

시스템 테스트는 대략 시스템의 10%를 감당한다. 시스템이 올바로 동작하는지보다 시스템을 올바르게 빌드했는지를 확실히 하려는 목적이기 때문이다. 기반 소스코드와 컴포넌트가 제대로 동작하는지는 피라미드의 하위 계층에서 이미 확인했다.

수동 탐색 테스트

수동 탐색 테스트는 키보드에 손을 얹고 모니터를 직접 보며 하는 테스트다. 자동화된 테스트가 아니며 스크립트로 작성된 테스트도 아니다. 이 테스트의 목적은 시스템이 기대한 대로 동작하는지 확인하는 동시에 예상치 못한 오류를 찾아내는 것이다. 목표 달성에는 인간의 두뇌와 창의력으로 시스템을 검사하고 탐색하는 과정이 필요하다. 테스트 계획을 문서로 만드는 행동은 이런 테스트의 목표에 어긋난다.

어떤 팀은 탐색 테스트 전문가를 두기도 한다. 다른 팀은 하루 이틀 날을 잡아 '오류 사냥'을 선포하고 관리자, 비서, 프로그래머, 테스터, 기술 문서 작성자를 포함해 부를 수 있는 사람은 모두 불러 시스템을 '마구 두드려' 망가지는지 보기도 한다.

목표는 커버리지가 아니다. 모든 업무 규칙과 실행 경로를 빠짐없이 검사할 생각은 없다. 사용자의 조작에 시스템이 잘 동작하는지 확인하고 가능한 많은 '특이사항'을 창의적으로 발견해내는 일이 목표다.

결론

TDD는 강력한 원칙이며 인수 테스트는 요구사항을 표현하고 강화하는 가치 있는 방법이다. 하지만 이는 전체 테스트 전략의 일부분일 뿐이다. 'QA는 오류를 찾지 못해야 한다'는 목표를 달성하기 위해서는 개발팀과 QA가 손잡고 단위, 컴포넌트, 통합, 시스템, 탐색 테스트의 계층을 만들어야 한다. 이들 테스트를 가능한 자주 실행해 최대한 많은 피드백을 얻고 시스템이 무결점 상태를 계속 유지하는지 확인해야 한다.

참고문헌

마이크 콘의 『경험과 사례로 풀어낸 성공하는 애자일』(인사이트, 2012)

9장

시간 관리

8시간은 정말 짧은 시간이다. 480분 혹은 28,800초밖에 되지 않는다. 프로라면 이 귀중한 시간을 최대한 효율적이고 효과적으로 쓰고 싶어한다. 아까운 시간을 조금도 낭비하지 않으려면 어떤 전략이 필요할까? 어떻게 하면 시간을 효과적으로 관리할 수 있을까?

1986년 나는 영국의 서레이주(州) 리틀 샌드허스트에 살았다. 브랙넬에 위치한 테러다인 사에서 인원이 15명인 소프트웨어 개발부서의 관리자로 일했다. 업무 시간은 시도 때도 없는 전화와 우후죽순 같은 회의, 고객사 응대 등으로 업무 방해의 연속이었다. 그래서 업무 처리를 위해 빡빡한 시간 관리 규칙을 만들었다.

- 새벽 5시에 일어나 자전거를 타고 6시까지 회사에 도착한다. 난장판인 하루를 시작하기 전 2시간 30분 정도 조용한 시간을 가진다.
- 도착해서 오늘의 일정을 화이트보드에 적는다. 업무 시간을 15분 단위로 나눠 할 일을 적고 해당 시간에 계획한 일을 한다.
- 첫 3시간 계획을 완벽히 채운다. 아침 9시부터 시작하고, 시간당 15분을 비워둔다. 이런 식으로 업무 중 가장 방해가 되는 일은 재빨리 빈 공간에 밀어 넣고 하던 일을 계속한다.
- 점심시간이 지나면 지옥 문이 슬그머니 열려 나머지 시간을 지옥에서 보내야 하기에 점심시간 이후는 업무 일정을 잡지 않는다. 잡무가 없는 귀중한 오후 시간이 생기면 가장 중요한 업무를 처리한다.

계획을 항상 지키지는 못했다. 항상 새벽 5시에 일어나지 못했고, 일하는 도중 지옥 문이 열려 잘 짜인 계획을 망치고 종일 그 일을 처리할 때도 있었다. 하지만 대부분은 계획표를 지켰다.

회의

회의는 참석자마다 시간당 약 20만원 정도의 비용이 든다. 이 비용은 급여, 복지비, 시설비 등으로 처리한다. 다음 번 회의에 참석할 때는 저런 비용을 계산해야 한다. 회의에 대한 두 가지 진실을 안다면 깜짝 놀랄 것이다.

다음은 회의에 대한 두 가지 진실이다.

1. 회의는 필요하다.

2. 회의는 엄청난 시간 낭비.

하나의 회의에 두 가지 진실이 모두 담겨 있는 경우도 많다. 어떤 참석자는 스스로를 매우 가치 있다 생각하고 다른 참석자는 스스로를 잉여 혹은 쓸모없다고 생각한다.

프로는 회의 비용이 비싸다는 사실을 안다. 자신의 시간이 소중하다는 사실 또한 안다. 일정에 맞추려면 코딩을 해야 한다. 따라서 프로는 당장의 이익이나 큰 이득이 없는 회의에는 적극적으로 참석을 거부한다.

거부하기

요청을 받았다는 이유로 모든 회의에 참석할 필요는 없다. 사실 너무 많은 회의에 참석하는 일은 프로답지 못한 행동이다. 개발자는 시간을 영리하게 사용해야 한다. 그러므로 참석할 회의와 정중히 거절할 회의를 신중하게 골라야 한다.

회의 참석을 요청한 사람은 참석자의 시간 관리에 책임이 없다. 자신의 시간 관리는 자신만이 할 수 있다. 따라서 회의 참석을 요청받으면, 자신의 참석이 지금 처리 중인 업무에 당장 크게 필요치 않다면 회의 참석을 거부하라.

때로는 자신과 이해관계가 있긴 하지만 당장은 필요치 않은 회의도 있다. 이때는 시간을 낼지 말지 선택해야 한다. 이런 회의 때문에 하루를 허비하지 않도록 주의한다. 어떤 때는 자신의 도움을 필요로 하지만 지금 진행 중인 일에 당장 중요하지 않은 회의도 있다. 자신의 손실과 타인의 이득을 잘 비교해야 한다. 냉소적으로 들릴지 모르겠지만 자신의 프로젝트를 우선시 하는 게 의무다. 하지만 다른 팀을 돕는 일은 좋은 일인 때가 많기에 어느 정도 참여할건지 관리자, 팀과 함께 토론해볼 수 있다.

가끔은 다른 프로젝트의 최상위 직급 엔지니어나 관리자 같은 권한을 가진 사람들이 회의 참석을 요청하기도 한다. 그들의 권한과 본인의 업무 일정을 잘 비교해서 선택해야 한다. 이번에도 팀 동료나 관리자가 결정을 내리는 데 도움을 줄 수 있다.

관리자의 가장 중요한 임무 중 하나는 직원을 회의로부터 보호하는 일이다. 좋은 관리자는 직원들의 시간을 직원 본인만큼 소중히 여기기 때문에 참석하지 않겠다는 결정을 기꺼이 지지한다.

빠져 나오기

회의는 계획대로 흘러가지 않을 때가 많다. 이런 회의인 줄 알았으면 참석을 거부했을 텐데라는 생각이 들 때도 있다. 새로운 주제가 끼어들거나 기분이 언짢은 사람의 불평불만만 가득할 때도 있다. 세월이 흐르면서 나는 간단한 규칙을 만들었다. 회의가 지루해지면 떠나자.

다시 말하지만 주어진 시간을 책임지고 잘 관리해야 한다. 쓸모 없는 회의에 발이 묶였다면, 예의 바르게 회의에서 빠져나올 방법을 찾아야 한다.

당연히 "정말 지루하구먼!"이라고 소리치며 회의를 빠져 나와선 안 된다. 무례할 필요는 없다. 적당한 때를 봐서 본인의 참석이 여전히 필요한지 물어보기만 하면 된다. 시간을 많이 내지 못한다고 설명하고 주제 진행 순서를 바꾸거나 신속히 진행할 방법은 없는지 물어보자.

유념해야 할 중요한 점은 시간을 헛되이 버리면서 다른 이들에게 그다지 도움도 안 되는 회의에 남는 일은 프로답지 못하다는 사실이다. 회사의 시간과 자금을 현명하게 사용해야 할 의무가 있기 때문에, 적당한 때를 봐 회의에서 빠져도 되는지 물어 보는 일은 프로답지 못한 행동이 아니다.

의제와 목표를 정하라

비용이 비싼 회의를 감내하는 이유는 특정 목표 달성을 서로 도우려면 정말로 참석자들이 한 방에 모여야 하기 때문이다. 참석자들의 시간을 현명하게 사용하려면, 회의에는 명확한 의제^{agenda}가 필요하며 주제^{topic}별로 시간과 목표를 명확히 정해야 한다.

회의 참석을 요청받으면, 어떤 토론을 할 생각인지, 시간은 얼마나 할당했는지, 이루고자 하는 목표가 무엇인지를 확실히 해야 한다. 이런 질문에 명확한 대답을 얻지 못한다면 정중히 참석을 거부해야 한다.

회의에 참석했는데 의제가 폐기되거나 다른 내용이 끼어든다면, 새로운 주제를 정식으로 회의에 올리고, 의제 또한 다시 정해야 한다고 요청해야 한다. 그렇게 안 되면, 때를 봐서 예의 바르게 빠져 나와야 한다.

일일 회의

일일 회의Stand-Up Meeting는 애자일 개발의 규범canon 중 하나다. 참석자들이 일어선 상태로 진행하기 때문에 기립회의라 부르기도 한다. 각 참석자들은 자기 차례가 되면 다음 3가지 질문에 답한다.

1. 어제는 뭘 했나?

2. 오늘은 뭘 할 예정인가?

3. 방해요소는 없나?

이게 전부다. 각 질문에 대한 답변은 20초를 넘지 않아야 해서, 참석자에게 필요한 시간은 1분도 안 된다. 10명이 모여도 10분을 넘지 않아 회의가 끝난다.

반복 계획 회의

반복 계획 회의Iteration Planning Meeting는 애자일 개발의 규범 중에서 가장 잘 해내기 어려운 일이다. 어설프게 진행하면 엄청난 시간을 쓰게 된다. 잘 해내려면 기술이 필요한데, 이 기술은 배워둘 만한 가치가 있다.

반복 계획 회의의 목적은 제품 백로그backlog에서 다음 반복 주기iteration 동안 처리할 항목을 고르는 일이다. 후보 항목들에 대한 일정 추정은 이미 끝내둬야 한다. 정말 좋은 회사라면 인수/컴포넌트 테스트를 이미 만들었거나 최소 윤곽이라도 잡아 두었을 것이다.

후보 백로그 항목을 간단히 되짚어보고 고를지 말지 결정하는 식으로 빠르게 회의를 진행해야 한다. 한 항목에 5분에서 10분 이상 소모해선 안 된다. 긴 토론이 필요하면, 팀 일부만 참석하는 회의를 잡아 따로 시간을 내야 한다.

내가 경험에 따라 만든 법칙$^{rule\ of\ thumb}$에 의하면 회의 시간은 전체 반복 주기 시간의 5%를 넘으면 안 된다. 그러므로 반복 주기가 1주일(40시간)이면 회의는 2시간 안에 끝내야 한다.

반복 회고와 시연

반복 회고$^{Iteration\ Retrospective}$와 시연^{Demo}은 각 반복 주기가 끝날 때마다 시행한다. 팀원들은 무엇이 잘 됐고 무엇이 잘못됐는지 토론한다. 이해관계자들은 새로 작업한 기능의 시연을 본다. 이 회의는 아주 나쁘게 흘러가거나 엄청난 시간을 소모하기 쉬우므로, 반복 주기의 마지막 날 업무 종료시간 45분 전으로 일정을 잡는다. 회고에 20분, 시연에 25분 이상을 할당하지 않는다. 1주나 2주에 한 번이므로 말할 거리가 너무 많으면 안 된다는 점을 명심하자.

논쟁/의견 차이

한 번은 켄트 벡이 심오한 말을 했다. "어떤 논쟁이든 5분 안에 해결되지 않으면 논쟁으로는 해결할 수 없다." 논쟁이 길어지는 이유는 양쪽 모두 근거가 되는 명백한 증거가 없기 때문이다. 그런 논쟁은 아마 사실에 바탕을 두지 않은 종교적인 논쟁일 가능성이 높다.

기술적인 면에서 나타나는 의견 차이는 보통 대기권을 돌파하는 경우가 많다. 양측은 자기 입장을 끝없이 정당화하지만 실제 데이터를 가진 경우는 드물다. 데이터가 없으면, 단시간(5분에서 30분 사이)에 합의를 보지 못한 논쟁은 영원히 합의를 볼 수 없다. 합의를 보려면 데이터를 가져와야 한다.

성깔로 논쟁을 이기려는 부류도 있다. 소리 지르고, 얼굴을 바싹 들이밀고, 빈정 거리며 내려다보는 듯한 태도를 보일지도 모른다. 하지만 상관없다. 성깔로는 논쟁을 마무리짓지 못한다. 데이터가 꼭 필요하다.

어디 잘 되나 두고 보자는 심보인 수동적 공격성passive-aggressive을 가진 부류도 있 다. 논쟁을 끝내기 위해 동의를 하긴 하지만 해결안에 참여하기를 거부하는 식 으로 결과에 찬물을 끼얹는다. 이런 부류는 "이 방식은 다른 사람들이 원한 방 식이야. 어디 원하는 대로 한번 해보라지."라고 스스로에게 말한다. 이런 행동은 여러 프로답지 못한 행동 중에서도 가장 프로답지 못한 행동이다. 절대로 이런 짓을 해선 안 된다. 일단 동의를 했다면, 반드시 참여해야 한다.

의견 차이를 해소하기 위한 데이터는 어떻게 얻을 수 있을까? 직접 실험을 하거 나 모의실험simulation 혹은 모델링을 하면 된다. 하지만 때로는 두 가지 해법이 있 는 경우엔 그냥 동전을 던져 결정하는 것이 가장 좋은 방법일 때도 있다.

일이 잘 돌아가면 쓸 만한 길을 선택했다는 뜻이다. 문제가 생기면 되돌아가 다 른 길로 가보면 된다. 모두의 동의 하에, 선택한 길을 언제 포기해야 할지를 결 정할 때 도움이 되는 기준을 세우는 일도 현명한 방법이다.

의견 차이를 마구 퍼부어대며 한쪽의 지지를 모으기 위한 장소로서의 의미밖에 없는 회의를 경계하라. 논쟁의 한쪽만 참석한 회의도 피하자.

정말로 논쟁을 해소해야만 한다면, 양측에 각각 5분 이하의 시간을 주고 팀원들 이 의견을 발표하도록 하자. 그 후 팀 전체 투표를 실시한다. 전체 회의 시간은 50분을 넘으면 안 된다.

집중력 마나

이번 절은 뉴 에이지new age 풍의 형이상학이나 〈던전 앤 드래곤〉 냄새가 풍기는 점을 이해해주기 바란다. 이번 주제에 대해 내 생각과 딱 맞아 떨어지기 때문 이다.

프로그래밍은 지적인 행위로 긴 시간 정신을 모아 집중해야 한다. 집중력은 소중한 자원으로 마나mana[1]와 비슷하다. 집중력 마나를 다 쓰고 나면, 몇 시간 정도 집중이 필요 없는 행동으로 마나를 충전해야 한다.

집중력 마나의 정확한 정체는 모르지만, 경각심과 주의력에 영향을 미치는 신체적인 물질(혹은 그 물질의 부족)이 아닐까 하는 느낌을 갖고 있다. 정체는 잘 모르지만, 마나가 남아 있는지 다 떨어졌는지는 확실히 느껴진다. 프로 개발자는 집중력 마나를 잘 활용하기 위해 시간을 관리하는 법을 익혀야 한다. 집중력 마나가 많으면 코딩을 하고 많지 않으면 덜 생산적인 다른 일을 한다.

또한 집중력 마나는 차츰 사라지는 자원이다. 있을 때 사용하지 않으면 사라진다. 이게 바로 회의가 사람을 황폐하게 만드는 이유다. 회의에서 집중력 마나를 다 써 버리면 코딩에 쓸 마나가 남아나지 않는다.

근심이나 주의산만 또한 집중력 마나를 소비한다. 지난 밤 배우자와 했던 싸움, 아침에 자동차에 생긴 흠집, 지난 주에 깜빡하고 처리하지 않는 고지서 같은 일들이 집중력 마나를 순식간에 빨아들인다.

수면

수면은 아무리 강조해도 지나치지 않다. 하룻밤 잘 자고 나면 집중력 마나가 가득 찬다. 7시간 자면 8시간 분량의 집중력 마나가 찬다. 프로 개발자는 수면 시간을 잘 관리해 아침에 회사에 출근했을 때 집중력 마나를 최고 상태로 만든다.

카페인

어떤 이들은 적당량의 카페인을 섭취했을 때 집중력 마나를 더 효과적으로 쓰

1 마나는 〈던전 앤 드래곤〉 같은 판타지나 롤 플레잉 게임에서 흔히 보이는 자원이다. 마나는 마법주문을 시전할 때 소모되는 마력의 원천으로 모든 플레이어는 일정량의 마나를 가진다. 주문이 강력할수록 마나를 더 많이 소모한다. 마나는 일정한 속도로 천천히 차오른다. 따라서 몇 번의 주문만으로도 동나기 쉽다.

기도 한다는 사실은 의심의 여지가 없다. 하지만 조심해야 한다. 카페인은 집중할 때 묘하게 '안절부절'한 상태로 만들기도 한다. 카페인 과다 복용은 아주 이상한 방향으로 집중력을 날려보내기도 한다. 정말 강하게 카페인에 취하면 엉뚱한 일에 과다 집중해 하루를 모두 허비하기도 한다.

카페인 사용과 그 적정량은 개인적인 일이다. 내가 좋아하는 방식은 아침에 커피를 강하게 타서 한 잔 마시고 점심에 다이어트 콜라를 한 잔 마시는 것이다. 가끔 두 잔씩 마실 때는 있지만 그 이상 마시는 경우는 거의 없다.

재충전

집중을 풀면 집중력 마나가 일부 재충전되기도 한다. 기분 좋은 산책, 친구와 대화하기, 잠시 창 밖을 바라보기는 모두 집중력 마나가 다시 솟아오르는 데 도움이 된다.

명상을 하는 사람도 있다. 기운 회복용 낮잠을 자기도 한다. 팟캐스트를 듣거나 잡지를 훑어보는 사람도 있다.

한 번 마나가 고갈되면 집중할 수 없다. 코드를 짜긴 하지만, 다음 날 다시 짜야 할 가능성이 매우 높고, 다시 짜지 않으면 몇 주나 몇 달간 썩어가는 코드 덩어리를 끼고 살아야 한다. 따라서 30분 심지어 한 시간까지라도 시간을 내 집중을 푸는 게 좋다.

근육 집중

무술, 태극권, 요가 같은 신체 단련에는 뭔가 특별한 점이 있다. 상당한 집중을 필요로 하지만, 코딩에 필요한 집중과 다르다. 지적인 집중이 아니라 근육 집중이다. 또한 근육 집중은 정신 집중을 재충전하는 데 어느 정도 도움이 된다. 이는 단순한 재충전 이상이다. 주기적으로 근육 집중을 훈련하면 정신 집중의 용량이 늘어난다.

나는 신체적 집중으로 자전거 타기를 골랐다. 한두 시간에 거쳐 30km에서 45km의 거리를 달린다. 데스 플레인즈^{Des Plaines} 강을 따라 난 오솔길로 달려서 자동차가 필요 없다.

자전거를 타는 동안 천문학이나 정치 관련 팟캐스트를 듣는다. 어떤 때는 그저 좋아하는 음악을 듣기도 한다. 헤드폰을 벗고 자연의 소리를 감상하기도 한다.

어떤 이들은 손으로 하는 작업에 시간을 쏟는다. 가구 제작, 공예품 만들기, 정원 가꾸기를 즐긴다. 무슨 일이든 근육 집중이 필요한 행위는 정신으로 일하는 능력을 향상시킨다.

입력 vs 출력

집중에 꼭 필요한 다른 한 가지는 적절한 입력과 (나의) 출력의 균형을 맞추는 일이다. 소프트웨어 만들기는 창조적인 과제다. 나는 다른 이들의 창의성을 접할 때 가장 창의적이 된다는 사실을 알게 됐다. 그래서 공상과학소설을 많이 읽는다. 여러 작가들의 창의력이 어떤 식으로든 내 소프트웨어 창의력을 자극한다.

타임박스와 토마토

시간관리와 집중을 관리하기 위해 토마토라고도 알려진 포모도로^{pomodoro2}라는 매우 효율적이며 유명한 기법을 사용한다. 기본 발상은 아주 단순하다. 평범한 주방 타이머를 (전통적으로 토마토 모양) 25분에 맞춘다. 타이머가 돌아가는 동안은 다른 모든 일을 무시하고 정해진 일만 한다. 전화가 오면 25분 후에 통화해도 되는지 정중히 물어본다. 누군가 다가와 뭔가 물어보면 25분 후에 다시 찾아올 수 있는지 정중히 물어본다. 어떤 방해든 그냥 타이머가 끝날 때까지 미룬다. 따지고 보면 25분도 못 기다릴 만큼 긴급한 상황은 거의 없다.

---

2 http://www.pomodorotechnique.com/

토마토 모양 타이머가 울리면 하던 일을 즉시 중단한다. 토마토 시간 동안 일어났던 방해들을 처리한다. 그 후 5분 정도 쉰다. 다시 25분 타이머를 설정하고 다음 토마토를 시작한다. 토마토를 4번 끝낼 때마다 30분 정도 길게 쉰다.

포모도로 기법에 대한 글은 아주 많으니 꼭 읽어보길 바란다. 하지만 앞의 설명으로도 포모도로의 핵심을 알 수 있다.

이 기법을 사용하면 토마토 시간과 토마토가 아닌 시간으로 나뉜다. 토마토 시간은 생산적이다. 실제 일을 끝내는 시간은 토마토 시간이다. 토마토가 아니 시간은 주의산만, 회의, 휴식이나 업무 처리에 쓰지 않은 시간을 말한다.

하루에 몇 번의 토마토를 할 수 있을까? 상태가 좋으면 12번, 심지어 14번까지도 가능하다. 안 좋은 날은 1번에서 3번밖에 못하게 된다. 횟수를 세고 도표를 그려보면, 하루가 얼마나 생산적이었는지 '이것저것' 처리하느라 얼마나 시간을 썼는지가 한눈에 보인다.

어떤 사람들은 포모도로가 너무 편해져서 업무 추정에 토마토 횟수를 사용하고 주week당 토마토 속도를 측정하기도 한다. 하지만 이런 일은 즐거운 덤일 뿐이다. 생산적인 25분의 시간을 확보하고 모든 방해를 적극적으로 방어하는 일이 포모도로 기법의 진정한 혜택이다.

피하기

어떤 때는 그저 일이 손에 잡히지 않기도 한다. 해야 할 일이 무섭거나 불편하거나 지루해서 그럴지도 모른다. 아마 빠져나올 수 없는 구멍으로 끌려들어가는 느낌일 것이다. 아니면 단순히 하기 싫어서 그럴지도 모른다.

우선순위 뒤집기

이유가 뭐든 간에 눈 앞의 업무를 피하는 길을 찾아볼 때가 있다. 지금 해야 할 일보다 다른 일이 더 급하다고 스스로를 설득하기도 한다. 이런 일을 우선순위 뒤집기라 부른다. 다른 업무의 우선순위를 높여 정말 중요한 일을 뒤로 미룬다. 우선순위 뒤집기는 스스로에게 하는 거짓말이다. 정말 끝나야 하는 업무를 마주할 수 없어서, 다른 업무가 더 중요하다고 자신을 설득한다. 아니라는 사실을 알면서 스스로에게 거짓말을 한다.

정확히 말하면 거짓말이 아니다. 실은 다른 사람이 뭘 하는지 왜 그 일을 하는지 물을 때를 대비해 거짓말을 준비하는 것이다. 다른 이들의 평가로부터 자신을 보호할 방어막을 쌓는 것이다.

당연히 프로답지 못한 행동이다. 프로는 개인적 두려움과 바람은 제쳐두고 각 업무의 우선순위를 검토하고 우선순위에 따라 순서대로 업무를 진행한다.

막다른 길

막다른 길은 모든 소프트웨어 장인들이 피할 수 없는 삶의 현실이다. 가끔은 의사결정 후 기술의 오솔길을 따라 이리저리 돌아다녀 보지만 아무 곳에도 도착하지 못한다. 결정이 확고할수록 황무지에서 헤매는 시간이 길어진다. 프로로서의 명성이 걸린 일이라면 영원히 헤매게 된다.

신중함과 경험으로 특정 막다른 길은 피할 수 있지만, 전부 피할 순 없다. 따라서 정말 필요한 기술은 막다른 길에 도달했을 때 재빨리 알아채고 뒤로 물러날 용기를 가지는 일이다. 이를 구덩이의 법칙^{rule of hole}이라 부르기도 한다. 막다른 길이면 그만 파라.

프로는 어떤 개념^{idea}에 너무 확고한 생각을 가진 나머지 포기하지 못하거나 냉정하게 돌아보지 못하는 일이 없어야 한다. 다른 여러 개념에 마음을 열어두면 막다른 길에 몰렸을 때도 여전히 다른 선택의 여지가 보인다.

진흙탕, 늪, 수렁, 기타 엉망진창

진흙탕은 막다른 길보다 더 나쁘다. 진흙탕은 굼뜨게 만들지만 길을 막지는 않는다. 진흙탕은 진행을 방해하지만 막무가내로 밀어붙이면 전진할 수 있긴 하다. 진흙탕이 막다른 길보다 나쁜 이유는 앞으로 가야 할 길이 눈에 보이며 그 길은 되돌아가는 것보다 더 짧아 보이기 때문이다(하지만 짧지 않다).

소프트웨어가 엉망진창이 되어서 망해버린 제품과 회사를 여러 번 봤다. 춤추는 듯 했던 팀의 생산성이 단 몇 달만에 장송곡으로 바뀌는 모습도 봤다. 진흙탕만큼 소프트웨어 팀에게 오랫동안 비관적 효과를 심각하게 끼치는 것은 없다. 정말 없다.

막다른 길과 마찬가지로 진흙탕에 빠지는 일을 피할 수 없다는 사실이 문제다. 경험과 세심한 주의로 어느 정도 피할 수 있지만 결국 진흙탕으로 가는 결정을 내리게 된다.

진흙탕에 빠지는 일은 자신도 모르는 사이에 일어난다. 처음에는 간단한 문제에 대한 해결책을 만들고, 코드를 주의깊게 관리해 단순하고 깔끔하게 만든다. 문제의 범위와 복잡도가 점점 커지면서 기반 코드를 확장하고 최선을 다해 깔끔하게 만든다. 하지만 어느 순간 처음부터 설계가 잘못됐고 코드가 요구사항이 움직이는 방향으로 뻗어나가지 못한다는 사실을 깨닫게 된다.

이때가 변곡점이다! 뒤로 물러나서 설계를 고칠 수 있다. 반대로 계속 앞으로 나아갈 수도 있다. 되돌아가는 것은 기존 코드를 재작업해야 하기 때문에 비용이 비싸 보이지만, 이때야말로 되돌아가기 가장 쉬운 지점이다. 앞으로 나아가면 시스템을 늪으로 끌고 들어가 절대 빠져 나오지 못하게 된다.

프로는 막다른 길보다 진흙탕을 더 무서워한다. 프로는 예상하지 못할 때 시작되는 진흙탕을 경계하고 최대한 일찍 신속하게 벗어나기 위해 필요하다면 어떤 노력이라도 쏟아 붓는다.

늪인 줄 알면서도 늪을 향해 움직이는 일은 우선순위 뒤집기 중에서도 제일 형편없는 짓이다. 그 상태로 전진하는 일은 스스로를 속이고 팀과 회사와 고객까지 속이는 짓이다. 모든 일이 잘 될 거라 사람들에게 말하지만 사실은 파멸로 향해 간다.

결론

프로 소프트웨어 개발자는 부지런히 시간과 집중력을 관리한다. 우선순위를 뒤집고 싶은 유혹을 이해하고, 이 유혹에 명예를 걸고 저항한다. 다른 여러 해결책에 마음을 열어 선택지를 넓힌다. 하나의 해결책을 포기하지 못할 정도로 너무 깊이 빠져들지 않는다. 진흙탕이 점점 커지는 것을 언제나 경계하고, 눈치채는 즉시 최대한 빨리 깨끗이 정리한다. 소프트웨어 개발팀이 아무 성과 없이 깊어지기만 하는 수렁을 힘겹게 헤쳐나가는 모습보다 슬픈 광경은 없다.

10장

추정

추정은 프로 개발자가 접하는 일 중 가장 단순하면서도 가장 두려운 행위다. 아주 큰 사업 가치가 추정에 따라 좌지우지된다. 우리 평판도 크게 달려 있다. 거대한 불안과 실패가 추정 때문에 일어난다. 사업부 사람들과 개발자들 사이가 벌어지게 만드는 제 1요소다. 관계를 어긋나게 만드는 불신감의 원인은 거의 다 추정이다.

1978년 나는 어셈블리로 만든 32K 임베디드 Z-80 프로그램의 수석 개발자였다. 프로그램은 32개의 1K×8 EEprom 칩에 탑재^{burn}했다. 3개의 기판에 칩 32개를 꽂았는데, 하나의 기판에는 최대 12개까지 칩을 꽂을 수 있었다.

수백 대의 기기가 미국 전 지역 전화교환소 현장에 설치됐다. 오류를 고치거나 기능을 추가할 때마다 우리는 현장 서비스 기술 직원을 파견해 32개의 칩을 모두 교환해야 했다.

악몽이었다. 칩과 기판은 잘 부서졌다. 칩에 달린 핀^{pin}은 휘거나 부러졌다. 여러 번 기판을 구부리다 보니 납땜이 떨어져나갔다. 파손과 오류로 인한 위험은 너무 거대했다. 회사가 치러야 할 비용은 천문학적이었다.

상사인 켄 핀더^{Ken Finder}가 내게 와 이 상황을 고쳐보라 부탁했다. 켄이 원했던 것은 칩 하나만 변경했을 때 나머지 칩은 변경하지 않아도 괜찮도록 만드는 것이었다. 내 책을 읽었거나 강연을 들었다면 내가 독립적인 배포^{deploy}가 가능해야 한다고 얼마나 부르짖었는지 알 것이다. 이 사실을 처음으로 알게 된 때가 바로 이때다.

문제는 소프트웨어를 하나의 실행 파일로 링크했다는 점이었다. 새 코드를 한 줄 추가하면 뒤따라오는 모든 코드의 주소가 바뀐다. 칩의 주소 공간은 단지 1K 뿐이므로 사실상 모든 칩의 내용이 바뀌는 셈이다.

해결책은 간단했다. 각 칩들의 의존성을 없애야 했다. 각각이 나머지 칩에 무관하게 독립적으로 컴파일되고 독립적으로 탑재 가능하도록 바꿔야 했다.

따라서 애플리케이션의 모든 함수 크기를 측정해 마치 직소 퍼즐처럼 거기에 들어맞는 단순한 프로그램을 만들어 각 칩에 탑재했다. 확장을 위해 100바이트의 공간은 남겨뒀다. 처음에는 각각의 칩에 그 칩에 있는 모든 함수의 포인터 테이블을 실었다. 이 포인터들은 기기가 가동을 시작할 때 RAM으로 옮겨졌다. 이 때 시스템의 모든 코드가 바뀌기 때문에 함수들은 RAM 벡터를 통해서만 호출했고 직접 호출은 하지 않았다.

눈치챘을 것이다. 각 칩은 가상테이블^{vtable}을 가진 객체^{object}였다. 모든 함수가 다형성을 가지도록 배포했다. 그렇다. 이게 객체가 뭔지 알기 오래 전부터 객체지향개발^{OOD} 원칙을 일부 배우게 된 방식이다.

혜택은 엄청났다. 칩을 개별적으로 배포할 수 있을 뿐 아니라 현장에서 함수를 RAM으로 옮기고 벡터 경로를 재설정함으로써 패치^{patch}를 만들 수도 있었다. 현장 디버깅과 긴급 패치$^{hot patch}$가 훨씬 쉬워졌다.

하지만 나는 엇나가고 말았다. 켄이 와서 문제 해결을 요청했을 때 켄은 함수 포인터에 관한 뭔가를 제안했다. 나는 하루 이틀 정도 시간을 내 아이디어를 정형화한 후 세부계획을 켄에게 전달했다. 켄은 얼마나 걸릴지 물었다. 나는 한 달 정도 걸릴 거라 응답했다.

하지만 세 달이 걸렸다.

내가 술에 취한 적은 인생에서 딱 두 번 있었고 정말 만취한 적은 단 한 번이었다. 그때가 1978년 테러다인 크리스마스 파티였다. 나는 26살이었다.

파티는 확 트여 있는 테러다인 사무실에서 열렸다. 모두들 일찍 도착했는데 큰 눈보라가 몰아쳐 음악 연주자들과 음식이 도착하지 않았다. 다행이 술은 많았다.

사실 그 날 밤은 잘 기억이 나지 않는다. 또렷이 기억나는 부분은 오히려 잊고 싶다. 하지만 가슴 아픈 한 순간을 나누려 한다.

나는 켄과 함께 바닥에 양반다리로 주지 앉아 (켄은 내 상사로 29살이고 안 취한 상태) 벡터화 업무가 너무 오래 걸렸다며 울고 있었다. 알코올 때문에 억누르고 있던 추정에 대한 두려움과 불안감이 풀려 나왔다. 설마 켄의 다리를 베고 눕지는 않았겠지라고 추측하지만, 그 정도의 상세한 일들은 선명하게 기억나지 않는다.

내게 화가 났는지, 너무 오래 걸린다고 생각하는지를 물었던 일은 기억한다. 그 날 밤의 기억은 희미하지만 켄의 대답은 수십 년 지난 지금도 선명하게 남아 있다. "그래요. 시간이 너무 걸렸다고 생각합니다. 하지만 밥이 열심히 일해서 좋은 성과를 내는 모습을 볼 수 있었어요. 그게 바로 우리가 필요로 하는 겁니다. 그래서 대답하자면 아니요, 화나지 않았어요."

추정이란 무엇인가?

문제는 우리가 다른 방향에서 추정을 바라본다는 점이다. 사업부는 추정을 약속으로 보길 좋아한다. 개발자는 추정을 어림짐작으로 보고 싶어한다. 어마어마한 차이가 있다.

약속

약속[commitment1]은 꼭 지켜야 한다. 특정 날짜까지 끝내겠다고 약속했다면 그냥 그 날까지 끝내야 한다. 설사 하루에 12시간 일하고 주말 근무에 가족 휴가를 넘기는 한이 있어도 반드시 해야 한다. 약속을 했으면 그 약속을 존중해야 한다.

프로는 달성할 수 있다는 사실을 알지 못하면 약속하지 않는다. 아주 단순하다. 가능한지 확신이 없는데 약속해 달라고 부탁을 받으면 명예를 걸고 거절해야 한다. 약속해 달라는 부탁을 받았는데 달성 가능하다는 사실을 알지만 그러려면 야근과 주말 근무에 가족 휴가까지 포기해야 한다면 그때는 자신이 선택해야 한다. 하지만 기꺼이 대가를 감당해야 한다.

약속은 확실함에 관한 문제다. 다른 사람들은 당신의 약속을 받아들이고 거기에 기반해 계획을 짠다. 약속을 지키지 못할 때 그들에게 그리고 스스로의 명성에 손해가 되는 비용은 어마어마하다. 약속을 못 지키는 행위는 부정직한 일이며 대놓고 하는 거짓말과 큰 차이가 없다.

---

1 약속뿐만 아니라 다짐하고 힘을 쏟는다는 뜻을 포함한다. - 옮긴이

추정하기

추정은 어림짐작이다. 약속은 포함되지 않는다. 아무런 약속^{promise}도 하지 않는다. 추정이 빗나가는 일은 전혀 불명예가 아니다. 추정을 하는 이유는 얼마나 걸릴지 모르기 때문이다.

불행히도 개발자들은 대부분 추정 실력이 형편없다. 이는 추정에 개발자들이 모르는 특별한 기술이 있기 때문이 아니라 오히려 추정에는 특별한 기술이 없기 때문이다. 간혹 형편없는 추정을 하는 이유는 추정의 진정한 본성을 모르기 때문이다.

추정은 숫자가 아니다. 추정은 분포다. 다음을 살펴보자.

> 마이크: "프래즐 업무를 끝내는 데 얼마나 걸릴 거라 예상해요?"
>
> 피터: "사흘이요."

피터는 정말 사흘 안에 끝낼까? 가능하지만 어느 정도 확신할 수 있을까? 대답은 다음과 같다. 알 수 없다. 피터가 의미한 바는 무엇이며 마이크가 이해한 바는 무엇일까? 사흘 뒤 마이크가 돌아왔을 때 피터가 끝내지 못했다면 마이크는 놀라야 할까? 왜 그래야 할까? 피터는 약속을 못 지켰다. 피터는 사흘에 비해 나흘이라 닷새가 될 가능성이 어느 정도인지 말하지 않았다.

마이크가 피터에게 사흘이란 추정이 어느 정도 맞을지 물어봤다면 어땠을까?

> 마이크: "사흘 만에 끝난다고 어느 정도 확신하나요?"
>
> 피터: "꽤나 많이요."
>
> 마이크: "숫자로 말해줄 수 있나요?"

피터: "50%~60%요."

마이크: "그 정도면 나흘이 걸릴 가능성도 상당하네요."

피터: "네, 사실 5일이나 6일이 걸릴지도 몰라요. 그럴 리는 없다고 생각하지만요."

마이크: "그럴 리 없다고 어느 정도 확신하나요?"

피터: "글쎄요. 잘 모르겠어요. 6일이 지나기 전에 끝난다고 95% 정도 확신해요."

마이크: "7일이 될지도 모른다는 말이네요."

피터: "흠, 모든 일이 잘 안 풀리면요. 아니 근데 모든 일이 다 꼬이면 10일이나 11일이 될 수도 있겠죠. 하지만 그럴 가능성은 거의 없어요."

이제서야 진실을 새롭게 인식하기 시작했다. 피터의 추정은 확률 분포다. 피터는 머릿속에서 그림 10.1 같은 완료 가능성을 본다.

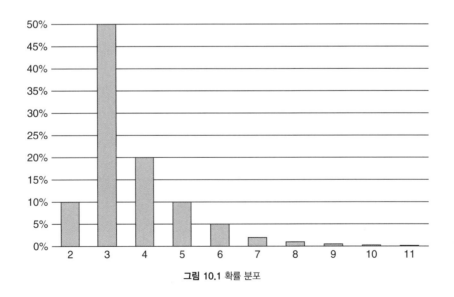

그림 10.1 확률 분포

보다시피 피터가 낸 최초 추정은 3일이었다. 그림 10.1에서 가장 높은 값이다. 그래서 피터의 머릿속에서는 3일이 가장 업무가 끝날 듯한 기간이었다. 하지만 마이크는 다르게 봤다. 마이크는 그림의 오른쪽 끝을 보고 11일이 걸릴지도 모른다고 걱정했다.

마이크는 이런 걱정을 해야 할까? 당연하다! 머피의 법칙[2]이 피터의 앞길을 막아 몇몇 일이 꼬일지도 모른다.

엉겁결에 해버린 약속

그래서 마이크에게 문제가 생겼다. 피터가 일을 끝내는 데 얼마나 걸릴지 불확실해졌다. 불확실함을 최소화하기 위해 피터에게 약속해 달라고 부탁했다. 피터는 이런 약속을 할 입장이 아니다.

> 마이크: "피터, 언제 끝날지 확실한 날짜를 말해줄 수 있나요?"
>
> 피터: "아니요, 마이크. 말했다시피 아마도 3일 후에 끝나겠지만 4일이 걸릴지도 몰라요."
>
> 마이크: "그럼 4일이라고 할까요?"
>
> 피터: "아니요. 5일이나 6일이 걸릴지도 몰라요."

지금까지는 모두 적절히 행동했다. 마이크는 약속을 부탁했고 피터는 신중하게 약속을 거절했다. 그래서 마이크는 다른 방식으로 접근했다.

> 마이크: "알았어요, 피터. 근데 6일은 넘기지 않도록 노력해줄 수 있나요?"

---

2 머피의 법칙이란 일이 꼬일 가능성이 있으면 반드시 꼬인다는 법칙이다.

마이크의 부탁은 순수해 보이며 나쁜 의도는 없다. 하지만 마이크는 피터에게 정확히 어떻게 해 달라고 부탁한 것일까? '노력'이란 말은 무슨 뜻일까?

이에 관해서는 2장에서 이미 다뤘다. 노력이란 단어는 함정이 있는 용어다. 피터가 '노력'하겠다고 동의한다면 6일이라고 약속하는 것과 같다. 다른 해석의 여지가 없다. '노력하겠다'의 동의는 '완료한다'이다.

다른 어떤 해석이 가능할까? 피터는 '노력'하기 위해 정확히 어떤 짓을 해야 할까? 하루에 8시간보다 더 많이 일해야 할까? 당연히 초과 근무를 암시한다. 주말에도 일해야 할까? 그렇다. 주말 근무 역시 암시한다. 이 모든 일이 '노력하기'의 일부분이다. 피터가 초과 근무를 하지 않는다면 마이크는 충분히 열심히 노력하지 않는다고 탓할 것이다.

프로는 추정과 약속 사이에 명확한 선을 그어 구분짓는다. 프로는 확실히 성공한다는 사실을 알기 전에는 약속하지 않는다. 프로는 넌지시 암시된 약속도 하지 않도록 주의를 기울인다. 의사소통할 때는 추정의 확률 분포에 대해 가능한 한 선명히 밝혀 관리자가 적절한 계획을 세울 수 있도록 한다.

PERT

1975년 프로그램 평가와 검토 기술^{Program Evaluation and Review Technique}, 즉 PERT를 미 해군이 폴라리스 잠수함 프로젝트를 지원하기 위해 만들었다. PERT는 추정을 계산하는 방법을 포함한다. 이 방식은 추정을 관리자에게 적합한 확률 분포로 바꾸는 아주 간단하지만 매우 효과적인 길을 제시한다.

업무를 추정할 때 세 가지 숫자를 제시한다. 이 숫자를 3방 분석^{trivariate analysis}(三方分析)이라 한다.

- O: 낙관적^{optimistic} 추정 값이다. 이 숫자는 매우 낙관적이다. 모든 일이 완전히 잘 돌아가야 이 정도로 빨리 일을 끝낼 수 있다. 사실 수학적으로 계산해

보면 발생 확률은 1%에도 못 미친다.[3] 피터의 경우 그림 10.1을 보면 낙관적 추정 값은 1일이다.

- N: 명목nominal 추정 값이다. 이 추정 값은 성공 가능성이 가장 큰 값이다. 그림 10.1처럼 막대 차트로 그렸을 때 가장 높은 값이다. 피터의 경우 3일이다.

- P: 비관적pessimistic 추정 값이다. 이 값은 매우 비관적이다. 모든 상황을 다 고려해야 한다. 물론 허리케인, 핵 전쟁, 떠돌이 블랙홀 같은 대재앙은 예외다. 이 값도 수학적으로 따져보면 성공 확률이 1% 미만이다. 피터의 경우 이 숫자는 차트의 오른쪽을 벗어난 값이다. 그래서 12일이 된다.

이 세 숫자를 가지고 아래와 같은 방법으로 확률 분포를 설명할 수 있다.

- $$\mu = \frac{O + 4N + P}{6}$$

  μ(뮤)는 업무에 드는 예상시간이다. 피터의 경우 (1+12+12)/6이므로 약 4.2일이다. 대부분 업무에서 이 값은 약간 비관적 값으로 치우치는데 확률 분포의 오른쪽 끝이 왼쪽보다 길기 때문이다.[4]

- $$\sigma = \frac{P - O}{6}$$

  σ(시그마)는 업무에 대한 확률 분포의 표준 편차다.[5] 업무가 얼마나 불확실한지를 나타내는 값이다. 이 값이 크면 불확실함도 크다 피터의 경우 이 값은 (12-1)/6이므로 약 1.8일이다.

피터의 예상치는 4.2/1.8이다. 마이크는 이 업무가 5일 안에 끝날 것 같지만 완료하는 데 6(1σ)일 심지어 9(2σ)일이 걸릴지도 모른다는 사실을 이해한다.

---

3 정규 분포상 정확한 숫자는 1:769 혹은 0.13% 혹은 3시그마다. 천 번 중 하나의 확률로 보면 된다.
4 PERT는 이 분포가 대략 베타 분포에 가깝다고 가정한다. 업무에 드는 최대 기간에 비해 최소 기간이 훨씬 정확하기 때문에 일리가 있는 가정이다. 스티브 맥코넬(Steve McConnell)의 『Software Estimation – 소프트웨어 추정: 그 마법을 파헤치다!』(정보문화사, 2007) 그림 1-3 참조
5 표준 편차를 모른다면 확률과 통계에 대해 잘 정리된 문서를 읽어야 한다. 이해하기 어렵지 않으며 쓸모가 많을 것이다.

하지만 마이크는 하나의 업무만 하는 게 아니다. 수많은 업무가 있는 프로젝트를 해내는 중이다. 피터는 세 가지 업무를 연속적으로 처리해야 한다. 피터는 세 가지 업무에 대해 표 10.1과 같이 추정했다.

표 10.1 피터의 업무

업무	낙관	명목	비관	μ	σ
알파	1	3	12	4.2	1.8
베타	1	1.5	14	3.5	2.2
감마	3	6.25	11	6.5	1.3

'베타' 업무는 도대체 어떤 업무일까? 피터는 꽤나 자신 있어 보이지만 뭔가 잘못돼서 심각하게 궤도를 이탈하게 될 가능성도 있다. 마이크는 이 사실을 어떻게 해석해야 할까? 마이크는 피터가 세 가지 업무를 모두 끝내는 데 걸리는 시간을 어떻게 계획해야 할까?

마이크는 간단한 계산으로 피터의 모든 업무를 합쳐 업무 전체에 대한 확률 분포를 구하면 된다. 그다지 어렵지 않은 수식이다.

- $\mu_{sequence} = \sum \mu_{task}$

  업무모음^{sequence}을 끝내는 예상 기간은 단순히 개별업무^{tast}의 예상 기간을 합한 것과 같다. 따라서 피터가 세 개의 업무를 끝내야 하는데 각각의 예상 값이 4.2/1.8, 3.5/2.2, 6.5/1.3이라면 피터가 세 업무를 끝내는 데는 대략 14(4.2+3.5+6.5)일이 걸린다.

- $\sigma_{sequence} = \sqrt{\sum \sigma_{task}^2}$

  업무모음의 표준 편차는 개별업무의 표준 편차를 제곱해서 더한 다음 그 값의 제곱근이 된다. 따라서 피터가 하는 세 업무의 표준 편차는 약 3이다.

$$(1.8^2 + 2.2^2 + 1.3^2)^{1/2} =$$
$$(3.24 + 2.48 + 1.69)^{1/2} =$$
$$9.77^{1/2} = \sim 3.13$$

마이크는 이 값을 보고 피터의 업무가 14일이 걸릴 가능성이 높지만 17일(1σ)이 걸리거나 20일(2σ)이 걸릴지도 모른다는 사실을 알게 된다. 더 길어질 수도 있지만 가능성이 매우 낮다.

표 10.1의 추정을 다시 살펴보자. 세 가지 업무를 5일 안에 모두 끝내야 한다면 압박이 느껴지나? 심지어는 최선의 경우라도 예측 값이 1, 1, 3이다. 명목 추정 값만 합쳐도 10일이다. 어떤 방식으로 14일이 나왔으며 17일이나 20일이 될 가능성도 있다는 결론이 나오게 됐을까? 복합된 여러 업무의 불확실함이 계획에 현실성을 더했다는 게 정답이다.

몇 년 이상의 경력을 가진 프로그래머라면 낙관적으로 추정한 프로젝트가 바랐던 기간보다 세 배에서 다섯 배까지 더 걸리는 모습을 봤을 것이다. 방금 본 간단한 PERT 기법은 낙관적인 예상을 방지하는 이성적인 방법이다. 프로 소프트웨어 개발자라면 빨리 끝내도록 노력해보라는 압박에도 불구하고 이성적인 예측을 하도록 매우 주의를 기울여야 한다.

업무 추정

마이크와 피터는 끔찍한 실수를 저질렀다. 마이크는 피터에게 업무 처리에 얼마나 걸리는지를 물었다. 피터는 3방 분석 값을 정직하게 제시했지만 피터의 동료들도 같은 의견일까? 다른 생각을 하고 있지 않을까?

추정에 사용하는 자원 중 가장 중요한 자원은 주변 사람들이다. 주변 사람들은 본인이 보지 못하는 것을 본다. 주변 사람들은 혼자서 추정하는 것보다 더 정확하게 추정할 수 있도록 도와준다.

광대역 델파이

1970년대 베리 뵘은 '광대역 델파이^{wideband delphi}'6라 불리는 추정 기법을 소개했다. 세월이 흐르면서 이 기법의 수많은 변형이 태어났다. 몇몇은 형식적이고 몇몇은 그렇지 않다. 하지만 모두 하나의 공통점이 있다. 바로 의견 일치다.

방법은 간단하다. 사람들을 모아 팀을 꾸리고, 업무에 대해 토론하고, 추정하고, 합의에 도달할 때까지 토론과 추정을 반복한다.

뵘이 윤곽을 잡은 원래 접근 방식은 여러 번의 회의와 문서를 포함하는데 내가 보기엔 지나치게 형식적이고 부담스러웠다. 나는 다음과 같이 단순하고 부담이 적은 접근 방식을 좋아한다.

날아다니는 손가락

모두가 한 탁자에 둘러 앉는다. 한 번에 하나의 업무에 대해서만 토론한다. 각 업무마다 필요한 것은 무엇인지, 혹시 혼란하거나 복잡하게 만들 일은 없는지, 어떻게 구현해야 할지를 토론한다. 그 후 참석자는 업무나 얼마나 걸릴지 생각해서 탁자 밑에서 손가락으로 0에서 5까지 숫자를 정한다. 진행자가 1-2-3을 세면 모든 참석자는 동시에 손을 내민다.

모든 의견이 일치하면 다음 업무로 넘어간다. 만장일치가 아니면 어째서 의견이 엇갈렸는지 계속 토론한다. 의견 일치를 볼 때까지 반복한다.

만장일치가 절대적은 아니다. 어지간히 추정이 가까우면 그 정도로 충분하다. 예를 들어 3과 4과 조금씩 나왔다면 의견 일치로 본다. 하지만 모두 손가락 4개를 들었는데 한 사람만 1개를 들었다면 이야기를 나눠봐야 한다.

추정의 단위는 회의 시작할 때 정해야 한다. 업무에 드는 작업일 수거나, '손가락의 3배'나 '손가락 수 제곱' 같은 특이한 단위도 가능하다.

---

6   Barry W. Boehm, 『Software Engineering Economics』(Prentice Hall, 1981)

동시에 손가락을 내미는 일이 아주 중요하다. 다른 사람의 추정을 보고 마음을 바꾸지 않았으면 하기 때문이다.

계획 포커

2002년 제임스 그레닝이 '계획 포커Planning Poker'라는 멋진 논문[7]을 선 보였다. 광대역 델파이의 변형으로 몇몇 회사들이 홍보용으로 계획 포커 카드[8]를 뿌리는 바람에 굉장히 유명해졌다. planningpoker.com 사이트도 있어서 팀이 떨어져 있어도 네트워크를 통해 계획 포커를 할 수 있다.

발상 자체는 간단하다. 추정에 참여한 인원 각각이 여러 다른 숫자가 적힌 카드를 낸다. 숫자는 0에서 5까지면 충분하며, 이렇게 되면 날으는 손가락과 논리적으로 동일한 시스템이 된다.

업무 하나를 골라 토론한다. 적당한 때가 되면 진행자가 카드를 뽑으라고 말한다. 참여자는 추정과 일치하는 카드를 골라 숫자가 보이지 않도록 뒷면을 위로 한 채 앞으로 내민다. 그런 다음 진행자가 카드를 뒤집으라고 말한다.

나머지는 날아다니는 손가락과 같다. 의견이 일치하면 추정을 채택한다. 아니라면 카드를 다시 가져와서 업무에 대해 토론을 계속한다.

카드에 적힌 정확한 숫자를 고르는 데 여러 '과학'이 동원되기도 한다. 어떤 이들은 피보나치 수열에 따라 카드에 숫자를 매겼다. 다른 이들은 무한대와 물음표 카드를 포함했다. 개인적으로 0, 1, 3, 5, 10 숫자가 적힌 카드 다섯 장만 있으면 충분하다고 생각한다.

---

7 「Planning Poker or How to Avoid Analysis Paralysis while Release Planning」(James Grenning, 2002), http://renaissancesoftware.net/papers/14-papers/44-planing-poker.html

8 http://store.mountaingoatsoftware.com/products/planning-poker-cards

관계 추정

몇 년 전 로웰 린스트롬 덕분에 관계 추정Affinity Estimation이라는 특별하고 독특한 광대역 델파이의 변종을 알게 됐다. 이 방법을 다양한 고객들과 팀에서 사용해서 운 좋은 경험을 했다.

모든 업무를 카드에 적되 추정 값은 적지 않는다. 추정에 참여한 사람들은 카드가 흩어진 탁자나 벽 주위에 흩어져 선다. 참여자는 말을 하지 않고, 그저 카드를 상대적으로 비교해 정렬한다. 더 긴 시간이 필요한 업무를 오른쪽으로 옮긴다. 작은 업무는 왼쪽으로 옮긴다.

참여자는 다른 사람이 이미 옮긴 카드를 포함해 언제든 어떤 카드라도 옮길 수 있다. 어떤 카드를 η(에타) 횟수만큼 이동했다면 토론을 위해 옆으로 빼 놓는다.

마침내 조용히 정렬하는 일이 점차 없어지고 토론을 시작할 수 있다. 정렬에 의견이 불일치한 카드를 조사한다. 의견 합의를 위해 간단히 설계하는 시간을 가지거나 뼈대를 손으로 그리기도 한다.

다음 과정으로 카드 뭉치 사이에 선을 그어 크기별로 구역을 구분한다. 구역의 크기는 일, 주 또는 점수로 표현한다. 보통 피보나치 수열인 (1, 2, 3, 5, 8) 다섯 개의 숫자를 사용한다.

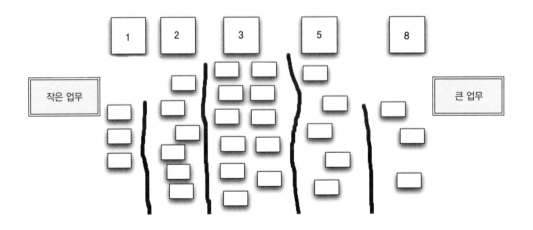

3방 추정

3방 추정^{Trivariate Estimates} 광대역 델파이 기법은 한 업무의 명목 추정 값을 선택하는 데 좋다. 하지만 이미 언급했다시피 대부분의 경우 세 추정 값으로 확률 분포를 만드는 게 목적이다. 각 업무의 낙관적 값과 비관적 값은 광대역 델파이의 변형을 이용해 순식간에 얻을 수 있다. 예를 들어 계획 포커를 사용한다면 비관적 추정 값이 적힌 카드를 뽑으라고 말한 다음, 뽑은 카드 중 가장 높은 값을 취하면 된다. 낙관적 추정 값도 마찬가지 방법으로 하되 가장 낮은 값을 취한다.

큰 수의 법칙

추정에는 오류가 가득하다. 그렇기 때문에 추정이라 부른다. 오류를 다루는 방법 중 하나로 큰 수의 법칙^{Law of Large Numbers9}을 따라 이득을 보는 방법이 있다. 큰 업무를 여러 개의 작은 업무로 쪼개 따로따로 추정하면, 하나의 큰 업무 추정 값보다 작은 업무들의 추정 값의 합이 정확하다는 게 이 법칙의 의미다. 더 정확해지는 이유는 작은 업무에 포함된 오류는 합쳐서 사라지는 경향이 있기 때문이다.

솔직히 조금은 낙관적인 의견이다. 추정의 오류는 대개 크게 추정하기보다 적게 추정하는 오류를 범하기 쉬워 추정들을 완벽히 합치기가 힘들다. 그럼에도 불구하고 큰 업무를 작은 업무로 쪼개 각각 추정하는 일은 여전히 좋은 기법이다. 오류 중 일부는 정말로 합치면서 사라지기도 하고 업무를 쪼개다 보면 업무를 더 잘 이해하게 되고 깜짝 놀랄 만한 사실을 찾아내기도 한다.

---

9 http://en.wikipedia.org/wiki/Law_of_large_numbers

결론

프로 소프트웨어 개발자는 사업부가 계획을 짜는 데 쓰도록 실용적인 추정 값을 사업부에 전달해야 한다. 프로 개발자는 지킬 수 없는 약속은 하지 않으며, 달성할 수 있다는 확신이 없는 일은 약속하지 않는다.

프로가 약속을 할 때는 확실한 숫자를 제공하며 그 숫자를 지킨다. 하지만 프로라도 약속을 지키지 못할 때가 많다. 사실 프로가 말하는 숫자는 예상 완료 시간과 가능성 분산을 나타내는 가능성의 추정 값일 뿐이다.

프로 개발자는 관리자에게 전달하는 추정 값에 합의하기 위해 동료들과 함께 작업한다.

이번 장에서 설명한 기법은 프로 개발자가 쓸 만한 추정 값을 만드는 여러 방법의 예를 든 것일 뿐이다. 이 기법이 최고라는 말이 아니며 다른 기법들도 많다. 이 기법들은 그저 내가 업무에 적용해서 좋은 결과를 봤던 기법일 뿐이다.

참고문헌

스티브 맥코넬의 『Software Estimation - 소프트웨어 추정: 그 마법을 파헤치다!』(정보문화사, 2007)

Barry W. Boehm, 『Software Engineering Economics』(Prentice Hall, 1981)

James Grenning, 『Planning Poker or How to Avoid Analysis Paralysis while Release Planning』 (2002), http://renaissancesoftware.net/papers/14-papers/44-planing-poker.html

11장

압박

유체이탈해서 수술대 위에서 가슴을 절개한 채 수술을 받는 자신을 살펴본다고 상상해보자. 의사는 당신의 생명을 구하려 하지만 시간 제한이 있어서 마감^{deadline}에 맞춰 수술을 해야 한다. 글자 그대로 데드라인이다.

의사가 어떻게 행동하길 바라는가? 침착하고 냉정하길 바라나? 수술을 돕는 동료에게 뚜렷하고 정확한 명령을 내리길 바라나? 훈련했던 대로 수술하고 평소 훈련한 규율^{discipline}을 지키길 바라나?

진땀을 흘리며 막말을 내뱉는 모습은 어떤가? 수술 도구를 마구 집어던지길 바라나? 비현실적인 기대치를 가진 관리자를 비난하며 시간이 부족하다고 끊임없이 불평하길 바라나? 의사가 프로답게 행동하길 바라나 아니면 전형적인 개발자처럼 행동하길 바라나?

프로 개발자는 압박감을 느껴도 침착하고 결단력 있게 행동한다. 압박감이 커질수록 훈련과 규율을 따르는데, 이 방식이 압박의 주체인 마감일과 약속을 지키는 최선의 방법임을 알기 때문이다.

1988년 나는 클리어 커뮤니케이션에서 일했다. 스타트업$^{start-up}$ 기업이었는데 사실 제대로 출발^{start}하지 못했다. 첫 투자설명회$^{round\ of\ financing}$ 때 몸을 불태우며 일했고 두 번째, 세 번째도 그랬다.

처음 제품이 추구했던 목표는 그럴싸했지만, 제품 설계 구조의 기초가 약했다. 최초 제품은 소프트웨어와 하드웨어를 모두 포함했다. 그러다 소프트웨어만 남았다. 소프트웨어 플랫폼은 PC에서 Sparcstations로 바뀌었다. 고객은 최고급 기종 사용자에서 저가 기종 사용자로 바뀌었다. 끝내는 이익을 내려는 회사의 뜻에 따라 제품의 원래 의도조차 표류하게 됐다. 거의 4년이 지나서야 이 회사는 한 푼도 못 벌겠구나 하는 생각이 들었다.

두 말할 필요도 없이 우리 소프트웨어 개발자들은 엄청난 압박을 받았다. 긴 야근은 물론 더 긴 주말 근무로 수많은 시간을 사무실 터미널 앞에서 보내야 했다. C로 짠 함수는 3,000줄이 넘었다. 서로의 이름을 불러대며 큰 소리로 다투기도 했다. 계략과 평계가 난무했다. 주먹으로 벽을 치고 화를 내며 칠판에 펜을 던지고, 짜증나게 구는 동료의 모습을 비꼬는 낙서를 벽에다 펜 끝으로 새기기도 하며 분노와 스트레스가 끝이 없었다.

마감일은 행사 일정에 따라 정해졌다. 박람회나 고객 시연 전에 기능을 만들어야 했다. 고객이 요청하면 아무리 바보 같아도 다음 시연에 기능을 선보였다. 시간은 항상 너무 부족했다. 작업은 항상 늦었다. 일정은 언제나 너무 빡빡했다.

한 주에 80시간 일하면 영웅이 됐다. 난장판이 되든 말든 고객 시연에 성공하면 영웅이 됐다. 이런 짓을 충분히 하면 승진했다. 아니면 해고됐다. 스타트업인데다, 노동지분형 회사였기 때문이다. 1988년 당시 약 20년 경력을 가진 나도 주주로 참여했다.

개발 관리자로서 밑에서 일하는 프로그래머에게 더 많이 더 빨리 일하라는 말을 하고 다녔다. 나는 80시간 일하는 직원이었고, 새벽 2시에 3,000줄짜리 C 함수를 짜는 동안 아이들은 아빠 얼굴을 보지 못한 채 잠들었다. 펜을 집어 던지고 소리를 지르는 사람이 나였다. 제대로 따라오지 못하는 사람을 해고했다. 끔찍한 일이었다. 바로 내가 끔찍한 사람이었다.

그러던 어느 날 부인이 거울에 비친 내 모습을 한참 바라보게 했다. 내 모습이 마음에 들지 않았다. 부인은 내가 같이 지내기에 그리 좋지 않은 사람이라 말했다. 동의할 수밖에 없었다. 하지만 기분이 상해서 화를 내며 집을 박차고 나와 목적지도 없이 걷기 시작했다. 30여분 정도 속을 부글부글 끓으며 걷고 있을 때 비가 내리기 시작했다.

그러자 머릿속에서 뭔가 딸깍하는 소리가 들렸다. 나는 웃기 시작했다. 내 어리석음을 비웃었다. 내 스트레스, 거울에 비친 내 모습, 자신의 삶과 다른 이의 삶까지 비참하게 만들던 한심한 멍청이를 비웃었다. 무엇을 위해 그렇게까지 했을까?

그 날 이후로 모든 것이 바뀌었다. 정신 나간 초과근무를 그만뒀다. 스트레스로 가득한 삶을 그만뒀다. 펜을 집어 던지거나 3,000줄짜리 C 함수를 짜는 일을 그만뒀다. 일을 할 때 바보같이 하지 않고 잘 처리함으로써 업무를 즐기기로 결심했다.

가능한 한 프로답게 회사를 그만두고 컨설턴트가 됐다. 그 날 이후로 다른 사람의 명령을 받으며 일한 적이 없다.

압박 피하기

압박을 받을 때 침착을 유지할 수 있는 가장 좋은 방법은 압박감을 일으키는 상황을 피하는 것이다. 상황 회피는 압박을 완전히 사라지게 하지는 않지만 높은 압박을 받는 기간을 상당히 줄이고 최소화한다.

약속

10장에서 봤듯이 달성할 확신이 없는 마감일 약속을 피하는 것이 중요하다. 사업부는 위험risk을 없애려고 항상 약속을 원한다. 우리가 해야 할 일은 위험의 크기를 확실히 측정하고 적절히 관리할 수 있음을 사업부에게 알리는 것이다. 비현실적인 약속을 받아들이는 일은 이 목표 달성에 해를 끼치고 우리 자신과 사업부 양쪽 모두에게 해를 끼친다.

가끔은 이미 약속이 정해진 때도 있다. 사업부에서 우리와 상의도 없이 고객에게 약속을 해버린 경우다. 이런 일이 생기면 명예를 걸고 사업부를 도와 약속을 지킬 방도를 찾아야 한다. 하지만 이 약속을 받아들여 얽매일 필요는 없다.

이 차이가 중요하다. 프로라면 언제나 사업부를 도와 목표를 달성하는 법을 찾아내야 한다. 하지만 프로는 사업부에서 멋대로 한 약속은 받아들이지 않아도 된다. 끝내 사업부에서 한 약속을 지킬 방법이 없다는 사실을 알게 되면 그 약속을 한 사람이 책임을 져야 한다.

이는 말로 하기는 쉽다. 하지만 약속을 못 지키는 바람에 사업이 실패하고 월급을 못 받게 된다는 압박감을 떨치기 힘들다. 하지만 프로답게 처신한다면 적어도 당당히 머리를 들고 새로운 일터를 구하면 된다.

깔끔하게 유지

마감일을 지키면서 빠르게 움직이는 방법은 언제나 깔끔한 상태를 유지하는 것이다. 프로는 빨리 움직이려고 마구잡이로 어지르고 싶은 유혹에 굴하지 않는다. 프로라면 '빠르고 지저분하게quick and dirty'라는 말은 모순이란 사실을 깨닫는다. 어떤 때라도 지저분함은 느리다는 의미다!

시스템, 코드, 설계를 가능한 한 깔끔하게 유지함으로써 압박을 피할 수 있다. 이는 코드를 정리하느라 끝없이 시간을 소모한다는 뜻이 아니다. 그저 엉망으로 어질러진 모습을 견디지 못한다는 뜻이다. 난장판은 우리를 느리게 만들고 날짜를 놓치고 약속을 지키지 못하게 한다. 따라서 최선을 다 해 일하고 만든 것은 가능한 한 깔끔히 유지해야 한다.

위기는 규율이다

위기에 처했을 때의 모습을 관찰하면 어떤 믿음을 가지고 있는지 알게 된다. 위기에 처했을 때 훈련과 규율discipline을 따른다면 진정으로 그 규율을 믿는다는 뜻이다. 반대로 위기 때 행동이 바뀐다면 평소 행동을 진심으로 믿지 않는다는 뜻이다.

보통 때는 테스트 주도 개발TDD 규율을 따르지만 위기가 닥쳤을 때 포기한다면, 마음 속 깊은 곳에서는 TDD가 도움이 된다는 사실을 믿지 않는다는 뜻이다. 평소에는 코드를 깔끔히 관리하다가도 위기가 닥쳤을 때 코드가 엉망이 된다면, 마음 속 깊은 곳에서는 엉망진창 코드가 발목을 잡아 더 느리게 만든다는 사실을 믿지 않는다는 뜻이다. 평소에는 짝 프로그래밍을 안 하다가 위기가 닥쳤을 때 짝 프로그래밍을 한다면, 짝 프로그래밍이 혼자 하는 것보다 더 효율적이라고 믿는다는 뜻이다.

위기상황에서도 편하게 느껴지는 규율을 골라라. 그러고 나서 그 규율을 항상 따라라. 이 규율을 따르는 일이야말로 위기상황을 피하는 최선의 방법이다.

마감 전 압박질주^{crunch}할 때가 와도 태도를 바꾸지 마라. 규율을 따르는 것이 일을 잘 풀어나가는 최선의 방법이라면, 심각한 위기상황에서도 규율을 따라야 한다.

압박 다루기

압박을 사전방지, 완화, 제거하는 행동들도 모두 좋지만, 아무리 주의를 기울이고 조심해도 압박은 찾아온다. 어떤 때는 그저 사람들 생각보다 프로젝트가 길어질 뿐이다. 하지만 어떤 때는 초기 설계가 잘못돼 새로 작업을 해야 한다. 어떤 때는 소중한 동료나 고객을 잃기도 한다. 어떤 때는 지키지도 못할 약속을 한다. 그럴 땐 어떻게 해야 할까?

당황하지 말자

스트레스를 관리하자. 잠 못 드는 밤은 빠른 일 처리에 도움이 되지 않는다. 눌러앉아 불안해 하는 것도 마찬가지다. 최악의 행동은 급히 서두르는 것이다! 어떤 값을 치르더라도 이 유혹에 저항하라. 서두르면 빠진 구멍이 더 깊어질 뿐이다.

서두르지 말고 속도를 늦춰라. 문제를 곰곰이 고민하자. 가능한 최선의 결과로 가는 길을 짜고 이성적이고 꾸준한 속도로 진행하자.

의사소통

어려움에 빠진 사실을 팀 동료와 상사에게 알려야 한다. 어려움에서 벗어나는 최선의 계획을 짜서 다른 이들에게 알려라. 도움과 가르침을 부탁하라. 깜짝 사고는 피해야 한다. 깜짝 사고야말로 사람들을 가장 화나고 비논리적으로 만든다. 깜짝 사고는 압박을 열 배로 늘린다.

규율에 의지하자

상황이 힘들어지면 규율을 믿어라. 애초에 규율을 세운 이유는 압박이 심해질 때 길잡이로 삼기 위해서다. 이런 때야말로 자신이 가진 모든 규율에 특별히 주의를 기울여야 한다. 규율을 의심하거나 포기해야 할 때란 없다.

어떤 일이 닥쳐도 두려움 때문에 당황해 여기저기 두리번거리지 말고 자신이 고른 규율을 따른다면, 일을 빨리 끝내는 데 도움이 되고 부지런하고 열심히 일하게 된다. TDD 규율을 따른다면 평소보다 더 많은 테스트를 만들자. 무자비하게 리팩토링을 하는 사람이라면, 리팩토링을 더 심하게 하자. 함수를 작게 유지했다면, 더 작게 만들어보자. 압력솥을 빠져나가는 유일한 길은 이미 좋은 방법임을 아는 자신의 규율에 기대는 것이다.

도움 받기

짝 프로그래밍을 하자! 본격적으로 업무를 해야 할 때는 자신과 짝을 이뤄줄 조력자를 찾자. 일이 더 빨리 끝나고 결함이 더 적어진다. 짝은 규율을 지켜주고 혼란에 빠지지 않게 돕는다. 짝은 놓친 부분을 찾아주고, 여러 아이디어로 도와주고, 집중이 흩어졌을 때 여유를 가지게 만든다.

마찬가지로 다른 사람이 압박을 느끼는 모습을 보면 짝 프로그래밍이 어떠냐고 물어보자. 구멍에서 빠져나올 수 있게 돕자.

결론

압박을 다루는 요령은 피할 수 있으면 피하고 피할 수 없을 때는 극복하는 것이다. 피하는 법은 주의 깊게 약속^{commitment}하고, 규율^{discipline}을 따르고, 깔끔히 유지하는 것이다. 극복하는 방법은 침착함을 유지하고, 의사소통하고, 규율을 따르고, 도움을 받는 것이다.

12장

함께 일하기

소프트웨어는 대부분 팀 단위로 만든다. 팀원들이 프로답게 힘을 모을 때 팀은 가장 효율적이다. 독불장군이나 은둔자는 프로답지 못한 사람이다.

1974년 나는 22살이었다. 멋진 아내 앤 매리와 결혼한 지 6달이 지난 무렵이었고, 첫째 딸 앤젤라가 태어나기 1년 전이었다. 나는 테러다인의 사업부 중 하나인 시카고 레이저 시스템에서 일했다.

고등학교 친구인 팀 콘래드가 옆자리에서 일했다. 팀과 알고 지낸 동안 우리는 기적 같은 일을 여러 번 해냈다. 팀네 지하실에서는 컴퓨터를 조립했고, 우리 집 지하실에서 야곱의 사다리라는 전기기계를 만들어 수많은 고전압 전기 불꽃이 금속 막대를 타고 오르는 모습을 보고 즐겼다. PDP-8로 프래그래밍하는 법이나 집적 회로와 트랜지스터를 연결하여 계산기로 만드는 법을 서로 가르쳤다.

우리가 프로그래밍하는 시스템은 레이저로 레지스터^{resistor}나 커패시터^{capacitor} 같은 전기 부품을 극도로 정밀하게 자르는 시스템이었다. 예를 들면 최초의 디지털 시계인 모토로라 펄서에 사용하는 수정도 잘랐다.

프로그래밍에 사용하는 컴퓨터는 테러다인의 PDP-8의 복제품인 M365였다. 어셈블리 언어를 사용했고 소스코드 파일은 자기 테이프 카트리지에 저장했다. 화면을 보며 편집할 수 있었지만 프로그래밍 과정은 꽤 번잡해서, 코드 읽기나 초기 편집 때는 대부분의 코드 목록을 출력해서 보곤 했다.

기반 코드를 검색할 도구가 전혀 없었다. 어떤 함수를 어디서 호출하고 어떤 상수를 어디서 사용하는지 알아낼 방법이 아예 없었다. 상상하다시피 꽤 난감했다.

그래서 어느 날 우리는 상호 참조 작성기를 만들기로 결심했다. 이 프로그램은 테이프에서 소스코드를 읽고 각 기호^{symbol}를 어느 파일 몇 번째 줄에서 사용했는지 모든 목록을 만들어 출력했다.

최초 프로그램은 꽤나 단순했다. 그저 테이프에서 소스를 읽고 어셈블러 문법을 해석한 다음 기호 테이블을 만들고 각 항목에 참조를 추가하면 됐다. 멋지게 동작했지만 끔찍하게 느렸다. 주 운영 프로그램^{MOP, Master Operating Program}을 읽고 처리하는 데 한 시간이나 걸렸다.

이렇게 느린 이유는 점점 커지는 기호 테이블을 단일 메모리 버퍼에 담았기 때문이었다. 새로운 참조를 찾을 때마다 그 참조를 버퍼에 추가한 다음, 버퍼의 나머지 부분을 모두 몇 바이트 아래로 밀어 옮겨 공간을 만들었다.

우리는 자료구조와 알고리즘 전문가가 아니었다. 해시 테이블이나 이진 탐색 binary search 은 들어본 적도 없었다. 알고리즘을 찾고 구현할 실마리가 전혀 없었다. 아는 것이라곤 프로그램이 너무 느리다는 사실뿐이었다.

그래서 우리는 이것저것 하나씩 시험했다 참조를 연결 리스트 linked list 에 넣어보기도 하고, 배열 array 에 빈 공간을 둬 빈 공간이 가득 찼을 때만 버퍼를 늘려도 보고, 빈 공간만의 연결 리스트를 만들어도 보고, 아무튼 닥치는 대로 다양한 생각을 시도했다.

사무실 화이트보드 앞에 서서 자료구조 다이어그램을 그리고 성능 예측을 위한 값을 계산했다. 매일 회사에 출근할 때마다 새로운 발상을 들고 왔다. 우리는 친구인 만큼 서로를 도왔다.

몇 가지 시도는 성능을 향상시켰지만, 다른 몇 가지는 더 느리게 만들었다. 답답해서 속이 터질 지경이었다. 이때 처음으로 소프트웨어 최적화가 아주 힘들고 최적화 과정은 비직관적이라는 사실을 알게 됐다.

끝내 우리는 시간을 15분까지 줄였는데, 이 시간은 테이프에서 소스코드를 읽기만 하는 시간과 비슷했다. 그제서야 우리는 만족했다.

프로그래머 vs 보통 사람들

우리는 사람들과 같이 일하는 게 좋아서 프로그래머가 된 게 아니다. 일반적으로 사람들 사이의 관계는 뒤죽박죽이고 예측하기 힘들다. 우리는 프로그래밍한 기계가 깔끔하고 예측 가능하도록 움직일 때가 즐겁다. 제일 행복한 때는 홀로 방 안에서 아주 흥미로운 문제에 몇 시간이고 완전하게 집중할 때다.

물론 이는 과도한 일반화이며 예외도 많다. 다른 사람과 함께 일하기를 좋아하고 도전을 즐기는 프로그래머도 많다. 하지만 평균적으로 보면 홀로 집중하기를 좋아하는 경향이 있다. 우리 프로그래머들은 몰두하고 집중해 고치에 들어간 듯 주변이 눈에 들어오지 않는 상태를 즐긴다.

프로그래머 vs 회사

70, 80년대 테러다인에서 프로그래머로 일할 때, 디버깅을 정말 잘 하고 싶어서 열심히 공부했다. 도전을 즐겼고 활력과 열정을 가지고 문제에 스스로를 던져 넣었다. 내 앞에서는 어떤 오류도 오래 숨지 못했다!

오류^{bug}를 해결할 때는 승리를 쟁취하거나 괴물 재버워크^{jabberwock}를 무찌른 듯한 기분이었다! 괴물의 목을 벤 날카로운 칼을 손에 들고 상관 켄 파인더를 찾아가 오류가 얼마나 흥미로웠는지 열정적으로 설명했다. 어느 날 결국 켄은 짜증이 나서 폭발했다. "오류는 흥미로운 게 아냐. 오류는 고쳐야 하는 거야!".

그 날 몰랐던 사실을 알게 됐다. 자기 일에 열정적인 것은 좋은 일이다. 하지만 월급을 주는 사람들의 목표를 계속 살피는 것 또한 좋은 일이다.

프로 프로그래머의 첫 번째 책임은 회사가 필요로 하는 일을 처리하는 것이다. 이는 관리자, 사업 분석가, 테스터, 팀 동료와 힘을 합쳐 사업 목표를 속속들이 이해해야 한다는 뜻이다. 사업 공부에 온 몸을 던지라는 소리는 아니다. 다만 왜 이런 코딩을 해야 하고 그 코드로부터 회사가 어떤 이득을 얻을지 알아야 한다는 뜻이다.

프로 프로그래머가 절대 피해야 할 일은 기술더미에 파 묻혀 정신을 못 차려 주변에서 사업이 무너지고 불타는 사실을 알아채지 못하는 것이다. 우리 업무는 사업이 순조롭게 나아가도록 만드는 일이다.

따라서 프로 프로그래머는 사업을 이해하는 데 시간을 투자한다. 사용자들과 소프트웨어에 대해 이야기하고, 영업부, 마케팅부 사람들과 해결해야 할 문제에 대해 대화한다. 팀의 장단기 목표를 이해하기 위해 관리자와 대화한다.

한 마디로 프로는 탑승한 배가 어떻게 항해하는지 관심을 기울인다.

1976년에 딱 한 번 프로그래머 일자리에서 해고된 적이 있었다. 일하던 회사는 아웃보드 마린 주식회사였다. 당시 공장 자동화 시스템 제작을 돕고 있었는데, 그 시스템은 IMB System/7을 사용해 빼곡히 늘어선 수십 대의 알루미늄 주조 기계를 감시했다.

기술적으로는 도전적이고 보람도 있는 일이었다. System/7의 설계 구조는 매력적이었고 공장 자동화 시스템은 매우 흥미로웠다.

동료들도 훌륭했다. 팀장인 존은 능력이 뛰어났고 일에도 열심이었다. 두 명의 동료 프로그래머는 유쾌하면서도 도움이 되는 사람들이었다. 프로젝트에 전속으로 배당된 연구소에서 다 함께 일했다. 사업부 담당자도 함께 연구소에서 일했다. 프로젝트 책임자인 관리자 랄프는 유능하고 일에 집중하는 사람이었다.

모든 게 나무랄 데 없이 흘러갔다. 문제는 나였다. 프로젝트와 기술에 열정이 넘쳐흘렀으나, 젊은 혈기만 넘친 24살에 불과해서 사업이나 사업에 연관된 정치적 구조에는 신경을 쓰지 못했다.

첫 날부터 실수를 저질렀다. 정장을 입지 않고 출근했다. 나는 면접 때만 정장을 입었지만 다른 사람들은 평소에도 정장을 입었다. 첫날부터 사람들과 섞이는데 실패하고 말았다. 랄프는 나를 불러 조용히 말했다. "우리 회사는 정장을 입어요."

말로 표현 못할 정도로 기분이 나빠졌다. 마음 속 깊은 곳에서부터 거부감이 올라왔다. 다음부터 정장을 입긴 했지만 정말 싫었다. 왜 그랬을까? 정장은 차츰 익숙해졌고, 회사의 관습이라는 사실도 알았는데 왜 그렇게나 못마땅했을까? 이유는 내가 이기적이고 자아도취에 빠진 멍청이였기 때문이다.

지각을 밥 먹듯이 했다. 어쨌됐건 '업무는 잘 하고' 있는데, 지각이 무슨 상관이냐고 생각했다. 사실 프로그램을 만드는 일은 썩 잘 해내고 있었다. 기술면에서 그리 어렵지 않게 팀에서 최고 프로그래머가 됐다. 다른 사람들보다 더 나은 코드를 더 빨리 써냈다. 더 빨리 문제를 파악하고 해결했다. 자신이 소중한 인재라는 사실을 알았다. 따라서 시간이나 날짜는 그리 중요치 않았다.

그러다 지각 때문에 중간점검^{milestone}에도 빠지자 해고가 결정됐다. 며칠 전 존은 다음 월요일 시연에서 기능이 잘 동작해야 한다고 확실히 말했었다. 똑똑히 들었지만 시간이나 날짜는 내게 너무 사소했다.

개발 중이었고 시스템을 출시하지도 않았다. 따라서 연구소에 사람이 없을 때 시스템이 잘 돌아가야 할 이유가 없다고 생각했다. 금요일 밤 시스템이 동작하지 않는 상태로 둔 채 연구소를 마지막으로 떠난 사람은 나였다. 월요일이 중요한 날이라는 사실은 염두에도 없었다.

월요일 아침 한 시간 늦게 출근해보니 모두 우울한 얼굴로 동작하지도 않는 시스템 근처에 모여 있었다. 존이 물었다. "왜 시스템이 동작하지 않는 건가요, 밥?" "잘 모르겠어요."라고 대답하고서 자리에 앉아 오류를 살폈다. 그 날이 시연일이라는 사실은 여전히 까맣게 잊은 상태였지만, 다른 사람의 표정을 보고 뭔가 잘못됐다는 사실만은 눈치챘다. 존이 다가오더니 귀에 속삭였다. "만일 스텐버그 이사님이 오기라도 했으면 어쩌려고 그랬어요?" 그리고는 몹시 불쾌한 표정으로 연구소를 나갔다.

스텐버그는 자동화 담당 이사였다. 요즘에는 CIO로 부르는 직책이다. 방금 질문은 내게 아무 의미도 없었다. "왔으면 어떻게 되는데?"라는 생각뿐이었다. "시스템을 실제 사용하지도 않는데 무슨 문제람?"

그 날 첫 경고장을 받았다. 당장 근무 태도를 바꾸지 않는다면 '그 결과는 계약 해지가 될 것이다'라고 적혀 있었다. 나는 화들짝 놀랐다!

잠시 시간을 내 지난 행동을 분석해보자, 잘못했다는 생각이 들기 시작했다. 존과 랄프에게 그 이야기를 하고 업무 태도를 바꾸기로 결심했다.

실제로도 바꿨다! 지각을 하지 않았다. 회사 내부 사정에도 주의를 기울였다. 왜 존이 스텐버그 이사를 신경 쓰는지 깨닫게 됐다. 월요일에 시스템이 안 돌아가게 만들어서 존을 어떤 어려움으로 밀어 넣었는지 알게 됐다.

하지만 태도 변화는 너무 작았고 너무 늦었다. 그리고 결말이 다가왔다. 한 달 뒤 나는 사소한 오류를 만들어 두 번째 경고장을 받았다. 서류는 형식이었을 뿐 이미 해고가 결정됐다는 사실을 몰랐다. 이 상황을 헤쳐나가기로 마음먹고 더 열심히 일했다.

몇 주 뒤 해고 통보 면담을 받았다.

집으로 가서 22살에다 임신까지 한 부인에게 해고당했다고 말했다. 절대 다시 겪고 싶지 않은 경험이었다.

프로그래머 vs 프로그래머

프로그래머는 흔히 다른 프로그래머들과 가깝게 일하는 데 어려움을 느낀다. 그러다 보면 몇 가지 심각한 문제가 일어난다.

코드 소유

삐걱대는 팀의 모습 중 가장 나쁜 모습은 각 프로그래머가 자신의 코드에 벽을 두르고 다른 프로그래머들이 건드리지 못하게 하는 행동이다. 심지어 자기 코드를 다른 사람이 보는 것조차 거부하는 곳도 경험했다. 이는 재앙으로 가는 지름길이다.

최고급 프린터 제조 회사에 컨설팅을 한 적이 있다. 이 프린터에는 용지 지급기, 인쇄기, 스태커stacker, 스테이플러stapler, 절단기 등 여러 부품이 있었다. 각 부품 별로 사업적 가치가 달랐다. 용지 지급기는 스태커보다 중요했고, 인쇄기는 용지 지급기를 포함한 다른 모든 부품들보다 중요했다.

각 프로그래머들은 자신이 맡은 담당 부품만 처리했다. 한 사람은 용지 지급기 관련 코드만 쓰고 다른 사람은 스테이플러 관련 코드만 썼다. 모두 자신의 기술을 혼자서만 간직한 채 다른 사람이 자기 코드를 건들지 못하게 만들었다. 각 프로그래들이 가진 권력의 크기는 담당 부품의 사업 가치에 비례했다. 인쇄기를 맡은 프로그래머는 천하무적이었다.

이런 상황은 기술적인 면에서 재앙이다. 컨설턴트 자격으로 살펴보니 중복된 코드가 엄청나게 많았고 모듈 간 인터페이스는 형편없이 일그러져 있었다. 하지만 방식을 바꾸라고 아무리 말을 해도 프로그래머(혹은 사업부)를 설득하지 못 했다. 결국 관리하는 부품의 중요도가 연봉 협상을 좌지우지하게 됐다.

공동 소유

코드 소유권의 벽을 무너뜨리고 팀 전체가 모든 코드의 소유권을 가지는 편이 낫다. 모든 팀원은 어떤 모듈이라도 체크아웃할 수 있으며 적절하다고 생각하는 대로 수정도 할 수 있는 편이 좋다. 나는 개인이 아니라 팀이 코드를 소유하길 바란다.

프로 개발자는 다른 사람의 코드 작업을 막지 않는다. 코드에 장벽 따윈 세우지 않는다. 오히려 함께 일하며 시스템의 최대한 많은 부분을 알아간다. 시스템의 여러 다른 부분을 서로 배우고 가르친다.

짝 프로그래밍

짝 프로그래밍^{pairing}을 싫어하는 프로그래머도 많다. 이 사실을 알고 어리둥절했는데, 사실 대부분의 프로그래머는 위급 상황이 되면 짝 프로그래밍을 하려 들기 때문이다. 옛말처럼 백지장도 맞들면 낫다^{two heads are better than one}. 짝 프로그래밍이 위급 상황을 풀어내는 가장 효과적인 방법이라면, 위급 상황이 되기 전 문제발생 단계에서도 가장 효과적이지 않을까?

몇몇 연구 결과가 있지만 굳이 인용하지는 않겠다. 이런저런 얘깃거리도 많지만 하지 않겠다. 심지어는 어느 정도 짝 프로그래밍을 해야 할지도 말하지 않겠다. 내가 말하고픈 단 하나는 프로다운 짝 프로그래밍이다. 왜일까? 어떤 문제는 프로다운 짝 프로그래밍이 문제를 푸는 가장 효율적인 방법이기 때문이다.

하지만 이런 이유 때문만은 아니다.

프로 개발자가 짝 프로그래밍을 하는 또 다른 이유는 짝 프로그래밍이 서로 아는 것을 주고받는 최고의 방법이기 때문이다. 프로 개발자는 지식을 창고에 처박아두지 않는다. 오히려 서로 짝을 이뤄 주고받으며 시스템의 다른 부분을 배워나간다. 사람마다 맡은 역할이 있지만, 위기가 닥치면 모든 팀원은 다른 사람의 역할을 수행해야 한다는 사실을 깨닫고 있다.

프로개발자가 짝 프로그래밍을 하는 이유를 한 가지 더 들자면 짝 프로그래밍은 코드를 검토review하는 최고의 방법이기 때문이다. 다른 프로그래머가 검토하지 않는 코드가 시스템에 있으면 안 된다. 코드 검토에는 여러 방법이 있지만, 대부분은 끔찍할 정도로 비효율적이다. 가장 효율적이고 효과적인 코드 검토 방법은 코드를 만들 때부터 힘을 모으는 것이다.

소뇌

닷컴 열풍이 한창이던 2000년 어느 아침 시카고로 향하는 열차를 탔다. 도착한 기차에서 발을 떼 승강장으로 내려서는 순간 출구 위쪽에 매달려 있던 커다란 광고판이 확 눈에 들어왔다. 유명 소프트웨어 회사에서 프로그래머를 모집한다는 광고였다. 광고문구는 다음과 같았다. 우리 회사로 오셔서 최고의 인재들과 함께 소뇌(小腦)를 비벼 보세요.

바보 같은 광고 문구에 깜짝 놀랐다. 한심하게 아무 생각없이 광고를 만든 사람은 최첨단에 똑똑하고 아는 게 많은 프로그래머에게 좋은 인상을 주려 애쓴 듯하다. 이 사람들은 멍청함을 봐도 딱히 괴롭지 않은 사람들인가 보다. 광고는 아주 영리한 사람들이 서로 지식을 주고받는 모습을 표현하려 했다. 불행히도 소뇌는 근육을 관리하는 부분이라 영리함과는 아무 상관이 없다. 따라서 정작 광고가 끌어들이고 싶은 영리한 사람들은 오히려 바보 같은 오류를 보고 코웃음을 치게 된다.

하지만 그 광고에는 흥미를 불러일으키는 부분이 있었다. 광고를 보자 여러 사람들이 서로 소뇌를 비벼대는 모습이 떠올랐다. 소뇌는 뇌의 뒤쪽에 있으므로, 소뇌를 잘 비비려면 서로 등 돌린 상태여야 한다. 프로그래머들이 팀을 만들고, 칸막이로 꽉 막힌 책상 구석에 앉아 서로 등 돌린 채 헤드폰을 쓰고 모니터를 응시하는 모습을 상상했다. 이런 모습이야말로 소뇌를 비비는 모습이다. 이런 건 팀이 아니다.

프로는 함께 일한다. 헤드폰을 쓴 채 구석에 앉아서는 함께 일하지 못한다. 탁자에 둘러앉아 서로 마주보길 바란다. 서로가 무엇을 두려워하는지 느꼈으면 한다. 다른 사람이 좌절감에 빠져 웅얼거리는 소리를 들었으면 한다. 우연히 일어나는 의사소통이 말뿐만 아니라 몸으로도 통했으면 한다. 하나의 묶음이 되어 의사소통을 하길 바란다.

아마 혼자 일할 때 더 잘 한다고 생각하는 사람도 있을 것이다. 개인으로 보면 그럴지 모르지만, 팀 전체가 더 잘 한다는 뜻은 아니다. 그리고 솔직히 말해 혼자 일할 때 더 잘 할 가능성은 그리 높지 않다.

혼자 일하는 게 적절한 경우도 있다. 어떤 문제를 긴 시간 깊게 고민해야 할 때도 있다. 업무가 너무 단순해 다른 사람을 끌어들이는 일이 시간 낭비일 때도 있다. 하지만 대부분의 경우 서로 긴밀하게 힘을 모으고 짝 프로그래밍에 많은 시간을 쏟는 게 최선이다.

결론

어쩌면 우리는 프로그래밍을 다른 사람과 함께 일하는 경지까지 끌어올리지 못했을지도 모른다. 많은 운이 필요해 보인다. 프로그래밍은 온전히 다른 사람과 함께 일하는 것에 관한 업무다. 사업부와 함께 일해야 한다. 서로 같이 일해야 한다.

현실은 나도 안다. 6개의 초대형 모니터, T3 파이프, 병렬 연결한 초고속 프로세서, 무제한 용량의 램과 디스크, 저칼로리 콜라와 매콤한 과자가 끊임없이 제공되는 사무실에서 일한다면 정말 멋지겠지? 유감스럽게도 현실은 그렇지 않다. 정말로 프로그래밍을 하며 일과 시간을 보내고 싶다면, 우리가 대화하고자 노력해야 할 상대는 바로 사람이다.[1]

---

1   영화 〈〈소일런트 그린(Soylent Green)〉〉의 마지막 대사를 참조했다.

13장

팀과 프로젝트

작은 프로젝트를 여러 개 끝내야 한다면 어떨까? 어떤 식으로 프로젝트를 프로그래머에게 할당해야 할까? 정말 거대한 프로젝트 하나를 끝내야 한다면 어떨까?

갈아서 만들었나요?

나는 수년간 여러 은행과 보험 회사를 컨설팅했다. 공통점이 하나 눈에 띄었는데, 바로 이상한 방식으로 프로젝트를 나누는 점이었다.

은행 프로젝트는 상대적으로 크기가 작아서 한두 명의 프로그래머가 몇 주간 작업하면 되는 경우가 많다. 이런 프로젝트를 맡은 관리자는 대개 다른 프로젝트도 관리한다. 사업분석가 또한 다른 프로젝트에서 요구사항을 찾고 정리한다. 프로그래머도 다른 프로젝트 일을 맡는다. 테스터는 한두 명이 배정되는데 이들 역시 다른 프로젝트 일까지 처리한다.

경향이 보이나? 프로젝트는 너무 작아서 어떤 이도 온전히 시간을 배정하지 못한다. 누구나 프로젝트에 50% 심지어는 25%만큼만 일한다.

이런 법칙이 있다. 절반의 사람이란 없다.

프로그래머에게 절반의 시간에는 프로젝트 A에 전념하고 나머지 시간에는 프로젝트 B에 전념하라는 말은 터무니없는 소리다. 특히 두 프로젝트를 서로 다른 프로젝트 관리자, 다른 사업분석가, 다른 프로그래머, 다른 테스터가 맡아 한다면 더욱 말이 안 된다. 아수라장도 정도가 있지 그런 괴이한 것을 어떻게 팀이라 부를까? 그것은 팀이 아니라 믹서기로 갈아 만든 잡탕이다.

한 덩어리로 뭉친 팀

팀이 만들어지는 데는 시간이 걸린다. 팀 구성원들은 관계를 만들기 시작한다. 서로 어떻게 협력하는지를 배운다. 서로의 버릇, 강점, 약점을 배운다. 마침내 팀은 한 덩어리gel가 되기 시작한다.

한 덩어리가 된 팀에는 정말 마법 같은 무엇이 있다. 일하며 기적을 만든다. 서로의 요구를 미리 알아내 처리하고 서로 보호하며 서로 돕고 서로의 최선을 요구한다. 뭔가를 이루어낸다.

한 덩어리가 된 팀은 보통 약 12명 정도로 이뤄진다. 20명 정도로 많거나 3명 정도로 적은 경우도 있지만 최적의 인원은 아마 12명 근처일 것이다. 팀은 프로그래머, 테스터, 분석가analyst를 포함해야 한다. 또한 프로젝트 관리자가 꼭 있어야 한다.

프로그래머, 테스터, 분석가 비율은 매우 다양하지만, 좋은 비율은 2:1이다. 그러므로 12명으로 만든 멋지게 한 덩어리가 된 팀에는 프로그래머가 7명, 테스터가 2명, 분석가가 2명 그리고 1명의 프로젝트 관리자가 있다.

분석가는 요구사항을 찾아내고 팀을 위해 자동화된 인수 테스트를 만든다. 테스터 또한 자동화된 인수 테스트를 만든다. 둘 사이의 차이점은 관점이다. 양쪽 모두 요구사항을 작성한다. 하지만 분석가는 사업 가치에 집중하고 테스터는 정확함에 집중한다. 분석가는 행복한 경로happy path에 집중하고 테스터는 뭔가 잘못될까 걱정하며 실패하는 경우와 경계 조건 테스트를 만든다.

프로젝트 관리자는 팀의 진행 상황을 추적하고 팀이 일정과 우선순위를 이해하도록 만든다.

팀원 중 하나는 가끔 시간을 내 코치나 스승 역할을 맡아 팀의 절차process와 규율discipline을 책임지고 지켜낸다. 일정 압박 때문에 팀이 절차를 벗어나려 할 때 팀의 양심으로 행동한다.

숙성

팀원들이 각자의 차이점을 극복하고 서로를 받아들이고 진정한 한 덩어리가 되기에는 시간이 걸린다. 6달 정도 걸리기도 한다. 심지어 1년이 걸리기도 한다. 하지만 일단 한 덩어리가 되면 그것은 마법이다. 한 덩어리가 된 팀은 같이 계획을 세우고 같이 문제를 풀고 같이 문제에 맞서고 일을 완수한다.

일단 한 덩어리가 되고 나면 프로젝트가 끝났다고 팀을 해체하는 일은 우스운 짓이다. 팀원을 한 데 모아 프로젝트를 던져 주는 것이 최선이다.

팀이 먼저인가 프로젝트가 먼저인가?

은행과 보험회사는 프로젝트 위주로 팀을 꾸리려 했다. 바보 같은 접근법이다. 한마디로 그런 팀은 한 덩어리가 될 수 없다. 개개인들이 잠깐 동안 그것도 업무시간의 일부분만 프로젝트에 몸담을 뿐이므로 서로를 다루는 법을 절대 배우지 못한다.

프로 개발 조직은 이미 한 덩어리가 된 팀에 프로젝트를 배정하지 프로젝트 위주로 팀을 만들지 않는다. 한 덩어리가 된 팀은 동시에 여러 프로젝트를 감당할 수 있고 팀의 선택, 기술, 능력에 따라 일을 분해한다. 한 덩어리가 된 팀은 프로젝트를 완수한다.

하지만 어떻게 관리하지?

팀에는 저마다의 속도[1]가 있다. 속도란 단순히 정해진 기간 동안에 끝낼 수 있는 일의 양이다. 어떤 팀은 한 주에 처리하는 점수로 속도를 측정하는데, 점수는 일이 얼마나 복잡한지를 표시하는 단위다. 작업 중인 각 프로젝트의 기능을 조각 내 점수로 견적을 낸다. 그러고 나서 한 주에 몇 점을 끝내는지 측정한다.

속도는 통계적 측정 값이다. 팀은 어떤 주에는 38점을 끝내기도 하고 다음 주에는 42점을 끝내고 그 다음 주에는 25점을 끝낸다. 시간이 흐르면서 평균에 도달한다.

관리자는 팀에 주어진 각 프로젝트의 목표를 설정할 수 있다. 예를 들어 팀의 평균 속도가 50이고 진행 중인 프로젝트가 3개면 관리자는 팀에게 노력을 15, 15, 20으로 나누도록 요청할 수 있다.

당신 프로젝트에서 한 덩어리가 된 팀이 일한다는 장점뿐 아니라, 긴급 상황 시 사업부에서 "프로젝트 B가 위기입니다. 다음 3주간 그 프로젝트에 100% 노력

---

1 로버트 마틴의 『소프트웨어 개발의 지혜』(야스미디어, 2004), 마이크 콘의 『불확실성과 화해하는 프로젝트 추정과 계획』(인사이트, 2008)의 목차를 보면 속도에 대한 훌륭한 참조 내용을 많이 찾을 수 있다.

을 쏟으세요."라 말할 수 있다는 점 또한 이 전략의 장점이다.

믹서기로 갈아 만든 잡탕 같은 팀이라면 우선순위를 재빨리 재배정하는 일은 사실상 불가능하지만, 두세 개의 프로젝트를 작업 중인 한 덩어리 팀이라면 손바닥 뒤집기만큼 간단하다.

프로젝트 소유자의 딜레마

내가 지지하는 접근 방식에 대한 반대 중 하나는 프로젝트 소유자가 권력과 안전확보security를 잃게 된다는 점이다. 하나의 프로젝트에 전념하는 팀을 가진 프로젝트 소유자는 팀의 노력을 믿고 의지할 수 있다. 팀을 만들고 해체하는 일은 비싼 작업이기 때문에, 사업부가 단기적인 이유로 팀을 없애지 않는다는 사실을 프로젝트 소유자는 안다.

하지만 프로젝트를 한 덩어리 팀에게 맡기고, 그 팀이 동시에 여러 프로젝트를 맡고 있다면, 사업부는 내키는 대로 자유롭게 우선순위를 바꾼다. 이 때문에 프로젝트 소유자는 미래에 대해 불안감을 느낀다. 프로젝트 소유자가 의지하는 자원이 갑자기 사라질지도 모른다.

솔직히 나는 후자의 상황을 더 좋아한다. 사업부는 팀을 만들고 해체하는 인위적인 어려움에 손이 묶여선 안 된다. 사업부에서 어떤 프로젝트가 다른 프로젝트보다 더 중요하다고 판단했다면 자원의 재배치가 재빨리 이루어져야 한다. 자신의 프로젝트를 더 유리하게 만드는 일이 프로젝트 소유자의 책임이다.

결론

팀은 프로젝트보다 만들기 더 어렵다. 그러므로 영구적인 팀을 만들어 이 프로젝트에서 저 프로젝트로 움직이게 하고 한 번에 여러 프로젝트를 맡기는 게 낫다. 팀을 만드는 목적은 한 덩어리로 뭉칠 시간을 충분히 줘서 여러 프로젝트를 완수할 원동력을 제공하는 것이다.

참고문헌

로버트 마틴의 『소프트웨어 개발의 지혜』(야스미디어, 2004)

마이크 콘의 『불확실성과 화해하는 프로젝트 추정과 계획』(인사이트, 2008)

14장

스승과 제자 그리고 장인 정신

나는 CS(컴퓨터과학과) 졸업생들의 자질을 보며 계속 실망했다. 내 말은 졸업생들이 영리하지 않거나 재능이 없어서가 아니라, 그들은 진정한 프로그래밍이 무엇인지를 배우지 못했다는 것이다.

실패의 정도

한 번은 유명한 대학에서 컴퓨터과학 석사 학위를 밟고 있는 한 젊은 여성과 면담을 한 적이 있었는데 그녀는 여름 인턴직에 지원했다. 나는 그녀에게 몇 가지 코드를 함께 작성하자고 요청했는데, 그녀는 "저는 코드 작성을 안 합니다."라고 말했다.

이전 단락을 다시 한 번 읽은 다음, 이어지는 한 단락을 건너 뛰고 다음 부분으로 넘어가자.

내가 그녀에게 자신의 석사 학위 과정에서 어떤 프로그래밍 과정을 이수했는지 물었을 때, 그녀는 아무런 과정도 마치지 않았다고 말했다.

당신이 만일 어떤 다른 세상에 속해 있지 않거나 악몽을 꾸지 않았다면, 아마도 이 장의 시작 부분부터 살펴보고 싶을 것이다.

이 시점에서 당신은 자신에게 CS 석사 프로그램에 속한 학생이 어떻게 프로그래밍 과정을 이수하지 않을 수 있는지 묻게 될 것이다. 그 당시, 나 역시 똑같이 궁금해 했으며 지금도 마찬가지다.

물론, 이 경험은 내가 졸업생들을 면접했던 것 중에서 가장 실망한 극단적인 하나의 예다. 모든 CS 졸업생들에게 실망하는 부분은 (전혀!) 아닐 것이다. 더불어 나를 실망시키지 않은 학생들에게서 공통점을 발견했다. 그 학생들은 대부분 대학 입학 전에 혼자서 프로그램을 공부했고 입학 후에도 대학과 상관없이 스스로 지속적으로 공부를 했다.

그렇다고 나를 오해하지 말기 바란다. 대학 교육도 훌륭해질 수 있다고 생각한다. 다만 대학이란 시스템을 꿈틀대며 빠져나오는 동안 졸업장 말고는 얻은 게 없는 경우도 봤다.

그리고 또 다른 문제가 하나 있다. 최상의 CS 학위 프로그램조차 젊은 졸업생이 업계에서 겪게 될 것을 준비시키지 않는다. 이는 그 학위 프로그램에 대한 비난이라기보다는 거의 모든 학문들의 현실이라는 말이다. 학교에서 배우는 것과 취업 후에 알게 되는 것은 종종 아주 다른 일이 된다.

스승과 제자

프로그래밍 과정을 어떻게 배우는가? 멘토링에 대한 나의 이야기를 하려고 한다.

내 첫 번째 컴퓨터 DIGI-COMP I

1964년에 어머니는 12번째 생일에 작은 플라스틱 컴퓨터를 하나 사주셨다. 그이름은 Digi-Comp I[1]였는데 세 개의 플라스틱 플립플롭과 여섯 개의 플라스틱 앤드게이트를 갖고 있었다. 플립플롭의 출력을 앤드게이트의 입력으로 연결할 수 있었으며, 앤드게이트의 출력을 플립플롭의 입력으로도 연결 가능했다. 간단히 말해, 그것을 통해 3비트의 유한상태 기기를 만들 수 있었다.

이 키트에는 구동 가능한 여러 프로그램을 제공하는 매뉴얼이 포함되어 있었다. 플립플롭에 돌출되어 있는 작은 핀에다 조그만 튜브(음료수 빨대를 짧게 자른 부분)를 끼워서 눌러 기계를 프로그래밍 한다. 그 매뉴얼은 각 튜브를 어디에 끼워 눌러야 하는지는 정확히 알려주었지만 그 튜브들이 어떤 작용을 하는지는 알려주지 않았기 때문에 매우 난처했다!

몇 시간 동안 그 기기를 들여다보던 나는 최대한 로우레벨에서 작동시키는 방법을 알아내기로 마음 먹었다. 하지만 내가 원하는 것을 이루어내는 방법에 대해서는 도저히 알아낼 수 없었다. 매뉴얼 마지막 페이지를 보니 1달러를 내면 그 방법을 알려주는 또 다른 매뉴얼을 보내주겠다고 쓰여 있었다.[2]

나는 1달러를 보낸 다음 12살짜리다운 초조함으로 회신을 기다렸다가 그 매뉴얼이 도착하자마자 내용을 살펴보았다. 그 매뉴얼은 부울 방정식의 기본 팩토

---

1 이런 소형 컴퓨터의 시뮬레이션을 제공하는 웹사이트들이 많다.
2 지금도 그 매뉴얼을 가지고 있는데, 책장 중에서도 명예의 전당 자리에 보관 중이다.

링, 결합법칙과 분배법칙, 그리고 드모르간^{DeMorgan}의 정리를 담은 부울 대수에 대한 간단한 논문이었다. 매뉴얼의 내용은 부울 방정식의 순서 측면에서 문제를 나타내는 법을 보여주었다. 또한 그것은 여섯 개의 앤드게이트 속으로 그런 방정식들을 축소시켜서 맞춰 넣는 방법을 설명하고 있었다.

나는 내 첫 번째 프로그램을 생각해냈다. 아직도 그 이름인 '패터슨의 전산화 게이트'를 기억하고 있다. 방정식을 작성하고, 축소시킨 다음 기기의 튜브와 핀들에 그것들을 매핑했더니 마침내 작동했다!

지금도 '패터슨의 전산화 게이트'라는 세 단어를 보면 짜릿함이 느껴진다. 12살에 겪었던 그 짜릿함을 거의 반 세기가 지난 지금도 기억할 수 있다. 그때 나는 내 일생이 달라질 것이라고 생각했었다.

당신은 첫 번째 프로그램이 작동되던 순간을 기억하는가? 그 순간이 인생을 바꿨거나 되돌릴 수 없는 터닝포인트가 되었는가?

나 스스로는 모든 것을 알 수 없었기 때문에 지금까지 스승들의 도움을 받았다. 몇몇 친절하고 능숙한 사람들이(내가 커다란 고마움의 빚을 지고 있는) 시간을 내서 12살이었던 내가 이해할 수 있도록 부울 대수에 대한 글을 써주었다. 그들은 소형 플라스틱 컴퓨터의 실용성에 대해서는 수학 이론을 연결해주었고 그 컴퓨터로 내가 원하는 것을 할 수 있는 능력을 제공해주었다.

나는 지금 지퍼락 가방 안에 보관 중인 그 운명적인 매뉴얼 사본을 꺼내 들었다. 세월이 많이 지나면서 페이지들은 누렇게 변하고 많이 낡아 있었다. 하지만 내용은 그 속에서 빛나고 있다. 부울 대수에 대한 탁월한 설명은 세 페이지에 걸쳐 있었고, 원래의 프로그램 각각에 대한 단계별 방정식은 여전히 흥미진진하다. 매뉴얼은 장인의 작업이었으며 최소한 한 젊은이의 인생을 바꾼 책이었다. 하지만 그 저자의 이름은 결코 알 수 없을 것 같다.

고교시절의 ECP-18

고교 1학년인 15살 때는 수학 수업을 좋아했다(이상도 하지!). 한 번은 애들이 선반 기계 톱^{table saw} 크기의 한 기기를 밀고 들어왔다. ECP-18이라고 하는 고등학교에서 쓰는 교육용 컴퓨터였다. 우리 학교에는 2주간의 실연^{demo}기간이 있었다.

나는 뒤에 서서 선생님들과 기술자들이 말하는 것을 들었다. 이 기기는 15비트 워드^{word}(워드가 뭘까?)와 1024워드의 드럼메모리(당시 나는 드럼메모리라는 것을 알긴 알았지만, 그저 개념으로만 알았다)를 갖고 있었다.

전원을 켜면 제트비행기가 이륙하는 것 같은 소리가 났고, 나는 이것이 드럼의 회전소리라고 생각했다. 어느 정도 시간이 지나자 그 소리는 작아졌다.

그 기기는 사랑스러웠으며, 전함의 브릿지처럼 상부에 돌출된 놀라운 제어판을 가진 사무실 책상이었다. 제어판에는 역시 푸시 버튼을 가진 불빛의 줄들이 장식되어 있었다. 그 책상에 앉으면 마치 《스타트렉》의 커크^{Kirk} 선장의 자리에 앉아 있는 것 같았다.

내가 보는 앞에서 기술자들이 버튼을 눌렀을 때 불빛이 켜지고 다시 누르면 꺼지는 것에 주목했다. 또한 저장 및 구동 같은 이름들을 가진 다른 버튼들도 있었던 것을 눈여겨보았다.

각 열에 있는 버튼들은 세 개로 된 다섯 개의 다발로 그룹이 되어 있었다. 내 Digi-Comp 역시 3개의 비트가 있어서 2진법으로 표현된 8진수 숫자를 읽을 수 있었다. 그리 어렵지 않게 이 숫자들이 5개의 8진법 숫자라는 사실을 알게 됐다.

기술자들이 버튼들을 누를 때 말하는 소리를 들을 수 있었다. 그들은 스스로에게 "204에 저장"이라고 말하면서 메모리 버퍼 열에 1, 5, 2, 0, 4를 눌렀다. 1, 0, 2, 1, 3을 누르고는 "누산기^{accumulator}에 213을 불러올 것"이라고 중얼거렸다. 거기에는 누산기라는 이름의 버튼의 열 하나가 있었다!

그렇게 10분이 지나자, 15살이었던 나도 15는 저장하기, 10은 불러오기라는 사실을 명확히 알게 됐고, 누산기는 이러한 명령을 실행하며, 다른 숫자도 드럼상의 1024워드 중 하나였음을 알게 됐다(워드가 이런 거였구나!).

나는 한 비트 한 비트씩 (말장난 아님) 점점 더 명령어 코드와 개념에 열정적으로 빠져들었다. 기술자들이 떠날 때쯤에는 그 기기의 기본적인 작동법을 알게 되었다.

그날 오후 자습시간에 수학교실로 몰래 기어들어가 컴퓨터 요기조기를 만지작거렸다. 오래 전부터 허락보다 용서를 구하는 편이 낫다는 것을 알고 있었다! 나는 숫자에 2를 곱한 뒤 다시 1을 더하는 작은 프로그램을 만들었다. 누산기에 5를 입력하고 프로그램을 실행하자 누산기에 8진법 숫자 13이 보였다. 프로그램이 제대로 돌아간 것이다!

그와 비슷한 여러 개의 다른 간단한 프로그램을 만들었는데 모두 생각한 대로 작동했다. 온 세상의 주인이 된 듯했다!

며칠 후 나는 내가 얼마나 멍청하면서도 행운아였는지를 알게 되었다. 수학 교실에 명령어가 적힌 종이가 놓여 있는 것을 발견했는데, 거기에는 기술자들에게서는 배우지 못했던 것들을 포함해 다른 명령어와 연산 코드들이 들어 있었다. 내가 그것들을 정확하게 해석해내어 다른 이들을 놀라게 한 것에 기뻤다. 하지만 새로 알게 된 명령어 중 하나는 HLT였다. 정지^{halt} 명령어는 값이 0인 워드였다. 나는 누산기를 보기 좋게 정리하기 위해 각 프로그램마다 끝에다 값이 0인 워드를 입력했다. 이는 어쩌다 보니 우연히 생긴 일로 프로그램은 실행 후 정지 명령을 내려야 한다는 개념은 떠올리지도 못했다. 그저 프로그램은 실행이 완료되면 알아서 정지하는 걸로만 여겼다!

선생님들 중 한 분이 프로그램을 작동시키느라 애쓰는 것을 보면서 수학 교실에 앉아 있었던 때를 기억한다. 선생님은 부착된 텔레타이프에 십진법으로 두 숫자를 타이핑한 다음 합계를 인쇄하려고 했다. 미니 컴퓨터의 기계어로 이런 프로그래밍을 해 본 사람이라면 누구나 이 작업이 보통 일이 아님을 알 것이다.

문자를 읽어 숫자로 바꾸고 다시 2진수로 바꾼 다음 더해서 다시 10진수로 바꾸고 문자로 인코딩해야 한다. 그리고 프런트 패널을 통해 프로그램을 2진법으로 입력하는 경우에는 훨씬 더 힘들다!

나는 선생님이 HLT 명령어를 프로그램 사이 사이에 넣은 다음 실행하는 모습을 지켜봤다. (와! 좋은 생각이에요!) 이런 원시적인 중지점^{breakpoint}으로도 프로그램이 바꾼 레지스터 값을 관찰하기엔 충분했다. 선생님이 "와, 정말 빠르네!"라고 중얼거리던 모습이 기억난다. 어이구, 요즘 기계들 보면 기절하시겠네!

그의 알고리즘이 무엇이었는지는 알 수 없었다. 이러한 프로그래밍은 내게 여전히 마술과 같다. 그리고 그는 내가 어깨너머로 보는 동안 내게 말을 걸었던 적이 없었다. 이 컴퓨터에 대해서는 누구도 내게 말해주지 않았다. 내 생각에는 그들이 나를 수학 교실 내의 모기 한 마리처럼 성가신 존재로 여겼던 것 같았다. 학생이나 선생이나 사람 사귀는 데 서툴렀다고만 말해두자.

결국 선생님은 프로그램 작동에 성공했다. 나는 놀랍고 신기했다. 선생님은 숫자 2개를 천천히 타이핑했는데, 컴퓨터 속도가 앞선 주장에 비해 빠르지 않았기 때문이다(1967년도의 드럼에서 연속된 단어를 판독하는 것을 생각해보라). 두 번째 숫자 이후 리턴^{return}키를 누르자, 컴퓨터가 맹렬히 깜박거린 다음 결과물을 출력하기 시작했다. 숫자당 1초 정도 걸렸다. 컴퓨터는 5초 동안 더 깜박거리면서 마지막 숫자만 빼고 모든 숫자를 출력한 다음 멈췄다.

왜 마지막 숫자 전에 멈췄을까? 난 결코 알아낼 수 없었다. 하지만 문제에 대한 접근법이 사용자에게 놀라운 효과를 준다는 사실을 깨달았다. 정확한 답을 만들어내는 프로그램이라도, 여전히 틀린 부분이 존재하기도 한다.

이러한 전체적인 상황은 멘토링이었다. 보다시피 내가 희망했던 형태의 멘토링은 아니었지만 말이다. 그때 선생님 중 한 분이 나를 데려다가 함께 작업을 했더라면 좋았을 것이다. 그러나 지켜보는 와중에 엄청 많이 배웠기 때문에 상관없었다.

비관습적 멘토링

두 개의 이야기를 꺼낸 이유는 매우 다른 두 종류의 멘토링을 설명하기 위해서다. 두 경우 모두 일반적으로 멘토링이라는 단어가 의미하는 바와는 거리가 멀다. 첫 번째 사례에서는 아주 잘 만들어진 매뉴얼을 보면서 배웠고, 두 번째 사례에서는 나를 거들떠 보지 않았던 사람들을 보면서 배웠다. 두 사례에서 얻은 지식은 심오하면서도 기본적인 지식이다.

물론, 내게는 다른 멘토들도 있다. 그들 중에는 30개들이 전화릴레이 한 박스를 집에 가져다 준 텔레타이프^{Teletype}에서 근무했던 친절한 이웃도 있었다. 말하건대, 어느 사내아이에게 릴레이 몇 개와 전기기차 트랜스포머를 주면 그 아이는 세상을 정복할 수 있을 것이다!

아마추어 무선기사였던 친절한 이웃은 멀티미터 (내가 곧바로 부숴버린) 사용법을 보여주기도 했다. 프로그래밍이 가능한 자신의 비싼 계산기를 가지고 놀 수 있게 했던 사무용품 매장주인도 있었다. 한 디지털 장비법인 영업소에서는 내가 PDP-8과 PDP-10을 조작해볼 수 있도록 해주기도 했다.

그리고 나로서는 엄두도 낼 수 없는 코볼 프로그램의 오류 제거를 도와줘서 내첫 프로그래밍 직장에서 해고되지 않게 해준 고마운 BAL 프로그래머 짐 칼린^{Jim Carlin} 아저씨도 있었다. 짐은 코어 덤프 판독 방법과 적절한 빈 줄, 별(*) 줄 및 주석으로 코드를 정리하는 법을 알려줬다. 또한 장인 정신을 향한 첫걸음을 떼게해줬다. 일년 후 사장이 그를 불쾌하게 여겼을 때 편을 들어주지 못한 사실이 아직도 미안하다.

하지만 솔직히 이 정도가 전부다. 70년대 초반에는 선배 프로그래머들이 그리 많지 않았다. 내가 근무했던 모든 곳에서 나는 선배였다. 누구도 진정한 전문 프로그래밍에 대해 알 수 있도록 내게 도움을 주지 않았다. 어떻게 처신하고 가치부여를 해야 하는지에 대한 롤모델이 없었다. 나 스스로 배워야 했으며 그건 결코 만만한 게 아니었다.

역경

앞서 말했듯이, 나는 사실 1976년에 공장자동화 근무에서 해고를 당했었다. 기술적 능력은 좋았지만, 업무나 업무목표에 집중하는 법을 배우지 못했다. 내게 날짜와 마감시한은 중요하지 않았다. 월요일 시연을 잊어버렸고, 금요일에 시스템이 망가진 상태로 두었으며, 월요일에 지각해서 모두의 따가운 눈총을 받기도 했다.

결국 사장이 그런 내 근무자세를 당장 고치지 않으면 해고하겠다는 경고장을 보냈다. 나는 정신이 바짝 들어서 내 삶과 경력을 되돌아보고 중대한 변화를 주기로 했다. 그중 일부는 이 책에 이미 기술했다. 하지만 되돌리기엔 너무 늦어버렸다. 그때는 모든 것이 잘못된 방향으로 가고 있었고 전에는 별일 아닌 것이 아주 심각해진 것이다. 그래서 열심히 노력했음에도 불구하고, 회사는 결국에 나를 해고해버렸다.

두말할 필요 없이, 2살배기 딸에다가 임신 중인 아내에게 그런 나쁜 소식을 전하는 것은 괴로운 일이다. 그러나 난 정신을 차리고 강한 교훈을 받아들여 다음 직장을 구했다. 그 직장에서 15년 일했는데 내 경력의 진정한 기초가 됐다.

마침내 나는 살아남았고 성공했다. 그렇지만 더 나은 방법이 있었다. 내게 비결을 가르쳐줄 진정한 멘토가 있었다면 훨씬 더 나았을 것이다. 작은 과제는 내가 도와가면서 배울 수 있는 사람, 그리고 초기에 내 일을 검토하고 안내해 줄 사람, 그리고 롤모델이 되고 진정한 가치와 대응 방법을 가르쳐줄 사람, 진정한 대가, 멘토 말이다.

수습기간

의사가 하는 일은 무엇인가? 병원에서 의대졸업생들을 고용해서 수술실에서 첫날부터 심장 수술을 시키는 것은 물론 아니다.

의사라는 직업은 의식적인 절차와 전통이 잡혀 있는 집중적인 멘토링 훈련을 개발해왔다. 의료계는 대학들을 살피면서 의대졸업생들이 최상의 교육을 보장한다. 그런 교육에는 적절한 분량의 강의실 수업과 전문의들과 함께 하는 병원에서의 임상 활동이 포함된다.

새로 임명을 받은 의사들은 졸업 후 허가를 얻기 전에 1년 동안 인턴십이라는 감독 하에서의 실습과 훈련을 받아야 한다.

이는 집중적인 실무 훈련이다. 인턴은 롤모델과 스승들과 함께 하게 된다.

인턴십을 완료하고 나면 전문의가 되기 위해 레지던트라고 하는 3년에서 5년의 추가 실습과 훈련 과정을 거쳐야 한다. 레지던트는 여전히 선배 의사들의 지도 감독 하에서 더 많은 책임을 지면서 신뢰를 쌓는다.

그렇게 하고서도 많은 전문의들은 계속적으로 전문적인 훈련과 감독 하에서의 실습을 거치는 1년에서 3년의 유대관계를 쌓아야 한다.

그런 다음에는 시험을 치를 자격을 얻고 인증을 받은 임원이 될 수 있다.

의사 직업에 대한 이런 설명은 어느 정도 이상적이며, 아마 여러 면에서 틀린 설명이 많을 것이다. 하지만 이해관계가 높은 업무라면, 갓 졸업한 직원들에게 사무실을 주고, 가끔 식사를 제공하는 것만으로 좋은 결과를 얻을 거라 기대하지 않는다는 사실만은 틀림없다. 그런데 소프트웨어에서는 왜 이런 짓을 할까?

소프트웨어 오류 때문에 사람이 죽는 일은 없다. 하지만 심각한 금전적 손실은 생긴다. 기업들은 소프트웨어 개발자들에 대한 부적절한 훈련으로 인해 많은 금액을 잃기도 한다.

어쩐 일인지 소프트웨어 개발 업계는 프로그래머는 그냥 프로그래머이기 때문에 학교만 졸업하면 코딩을 할 수 있다고 생각한다. 놀랍게도, 기업들이 새내기 졸업생들을 고용해 '팀'을 만들고는 굉장히 중요한 시스템의 구축을 맡기는 일이 드물지 않다. 이는 정신 나간 짓이다!

화가들, 배관공, 전기기사 등은 절대 그렇게 하지 않는다. 심지어 즉석 요리 전문요리사들도 이런 식으로는 하지 않는다! 내가 볼 때는 CS 졸업생들을 고용하는 기업들은 자신들의 서버에서 맥도널드 이상으로 그들에 대한 교육에 투자해야 된다고 생각한다.

중요한 일이 아니라고 스스로를 속이지 말자. 많은 것들의 성패가 달린 일이며, 우리 문명은 소프트웨어로 굴러간다고 해도 과언이 아니다. 일상생활에 만연한 정보를 움직이고 조절하는 것이 소프트웨어다. 소프트웨어는 자동차 엔진, 변속기 및 브레이크를 제어하며, 은행 계좌를 유지하고, 청구서 발행, 납부금 수령, 세탁, 시간 알림, TV에 사진을 올리기, 문자 발송, 전화 통화 등을 하고 지루할 때 즐거움을 주는 등 모든 일에 연관되어 있다.

사소한 것에서부터 중요한 일까지 우리 삶의 모든 면을 소프트웨어 개발자들에게 위임한다고 할 때, 나는 합리적인 훈련과 감독을 받는 실습 기간이 있어야 한다고 제안한다.

소프트웨어 견습기간

그렇다면 소프트웨어 직업은 어떻게 젊은 졸업생들을 전문적 대열로 유도해야 하는가? 그들이 따라야 하는 단계들은 무엇인가? 그들이 해결해야 할 과제들은 무엇인가? 어떤 목표를 달성해야 하는가? 일을 되돌려보자.

장인들

장인^{master}은 한 가지 이상의 중요 소프트웨어 프로젝트를 주도했던 프로그래머들이다. 그들은 전형적으로 10년 이상의 경력을 가지고 여러 다른 시스템, 언어 및 운영시스템 작업을 해왔다. 그들은 복수의 팀들을 주도하고 조정하는 법을 알며, 능숙한 디자이너와 건축가들이며, 힘들이지 않고 다른 모든 이들을 위해 코드를 처리할 수 있다. 그들은 경영직 제안을 받고도 이를 거절하거나, 자신들의 주된 기술적 역할과 통합시켰다. 또한 판독, 연구, 실행, 및 가르치기를 통해 그런 기술적 역할을 유지한다. 기업은 어느 프로젝트에 대한 기술 책임을 장인들에게 할당한다. 《스타트랙》의 기관장 스카티를 생각해보라.

숙련공

숙련공^{journey men}은 훈련을 받은, 능숙한, 그리고 열정적인 프로그래머들이다. 이 과정을 통해 팀 내에서 일을 배워서 팀의 리더가 된다. 그들은 현재의 기술을 알고 있지만 한 언어, 한 시스템, 한 플랫폼에만 익숙해서 보통은 수많은 다양한 시스템에 대한 경험은 부족하다. 그러나 아직은 더 많이 배우는 과정이다. 경험 수준은 직위별로 매우 다양하지만 평균적으로는 약 5년 정도다. 이러한 평균치를 훨씬 넘어서야 장인이 되는 것이다. 우리 가까이에는 숙련된 프로그래머들이 있다.

숙련공은 장인들이나 다른 숙련공 선배에게 지도를 받는다. 숙련된 젊은 프로그래머들이 홀로서기를 하는 것은 드물다. 그들의 코드는 면밀하게 검토와 검사를 받는다. 경험이 쌓이면서 그들의 자주성은 성장하며, 지도 감독은 줄어들면서도 깊이는 더해간다. 궁극적으로는 동료들과 검토를 공유하게 된다.

견습생/인턴

졸업생들은 견습생^{apprentice}으로 경력을 시작한다. 견습 프로그래머들에게는 자주성이 없이 숙련된 프로그래머들의 밀착 지도를 받는다. 처음에는 과제를 전혀 부여하지 않고 숙련된 프로그래머들의 일을 옆에서 돕는다. 이 기간은 매우 집약적인 짝 프로그래밍의 시기가 되어야 한다. 이때는 규율을 배우고 강화시키는 때로써 가치에 대한 기초가 형성되는 시기다.

숙련된 프로그래머들은 견습 프로그래머들이 설계 원칙, 디자인 패턴, 규율, 절차들을 숙지하도록 해주는 선생들이다. 숙련된 프로그래머들이 가르치는 것은 TDD, 리팩토링, 측정 등이다. 그들은 견습 프로그래머들에게 판독, 연습 및 실습을 할당한 다음 그 진도를 검토한다.

견습기간은 1년 정도 되어야 한다. 그 정도가 지나면, 숙련된 프로그래머들은 견습 프로그래머들이 자리를 잡도록 하고, 장인들에게 추천을 한다. 장인들은 면접과 실적평가를 통해 견습기간을 검사한다. 장인이 동의하면, 그때 견습 프로그래머들은 숙련된 프로그래머들이 된다.

현실

다시 말하지만, 이 모든 얘기는 이상적인 가정에 불과하다. 하지만 명칭과 단어에 대한 느낌을 바꿔보면 우리가 현재 업계에 기대하는 바와 그리 다르지 않음을 깨닫게 될 것이다. 졸업생들은 젊은 팀 리더들의 감독을 받고, 팀 리더들은 프로젝트 리더 등을 통해 감독을 받는다. 대부분의 경우, 문제는 이런 감독이 기술적이지 않다는 점이다! 대부분의 기업들에는 기술 감독이 전혀 없다. 프로그래머들은 절차에 따라서 승진을 하게 된다.

오늘날 업계에서 벌어지는 일과 이상적인 견습기간 프로그램 간의 차이는 기술 훈련, 교육, 감독 및 검토 등에 대한 초점이다.

그 차이는 반드시 전문적 가치와 기술 감각을 교육, 양육, 제공, 보급 및 문화화해야 한다는 관념이다. 현재의 무의미한 접근법에 부족한 것은 선배들이 후배들을 가르치는 교육에 대한 책임감이다.

장인 정신

이제는 장인 정신^{craftsmanship}이라는 단어를 정의할 때다. 이해를 위해서 장인 정신이라는 단어를 보자. 이 단어는 기술과 품질을 떠올리게 하며 경험과 능력을 환기시킨다. 장인이란 서두르지 않으면서도 일을 빠르게 처리하며 합리적인 평가를 제공하고 임무를 처리하는 사람이다. 그들은 "아니요"라고 말을 할 때를 알지만 "예"라고 대답하려고 노력한다. 장인은 프로다.

장인 정신은 장인들이 지니고 있는 사고방식으로써 가치, 규율, 기술, 자세 및 답변을 포함하는 밈^{meme}이다.

하지만 장인들은 이 밈을 어떻게 받아들이는가? 이런 사고방식을 어떻게 이루어내는가?

장인 정신 밈은 사람을 통해 전해진다. 선배들이 후배들을 가르치고 동료들 사이에서 교류가 된다. 선배들이 후배들을 관찰하면서 재학습이 이루어진다. 장인 정신은 감염되는 일종의 정신적 바이러스다. 타인들을 관찰하고 그 밈이 자리 잡도록 함으로써 얻을 수 있는 것이다.

확신 심어주기

사람들에게 장인이 될 수 있다는 확신을 줄 수는 없다. 사람들이 장인 정신 밈을 수용하도록 확신시키는 것도 어려운 일이다. 논쟁은 비효율적이며 데이터는 중요하지 않으며 사례 연구의 의미는 크지 않다. 밈의 수용은 이성적인 결정이라기보다는 정서적인 것이며, 매우 인간적이다.

그렇다면 사람들이 장인 정신의 밈을 받아들이도록 하는 방법은 무엇일까? 밈은 감염성이 있지만 관찰할 때만 가능한 것이다. 그러므로 밈에 대한 관찰이 가능하도록 해야 한다. 당신은 롤모델 역할을 할 수 있다. 우선 장인이 된 다음 자신의 장인 정신을 보여주도록 하라. 그러면 나머지는 밈을 통해서 현실화가 된다.

결론

학교에서는 컴퓨터 프로그래밍 이론을 가르치지만, 장인의 규율, 실태와 장인이 되는 기술은 가르치지 않는다. 이들은 수년간의 개인적 교육과 멘토링을 통해서 얻는 것이다. 이제, 다음 세대 소프트웨어 개발자들에 대한 지도과제는 대학들이 아니라 소프트웨어 업계에 있는 우리들이 해야 할 때다. 우리가 견습기간 프로그램, 인턴십, 그리고 장기적인 지도를 맡아야 할 때다.

부록

도구 활용

1978년, 앞서 말했다시피 나는 테러다인에서 전화선 감시 시스템을 만들었다. M365 어셈블러로 만든 그 시스템의 소스코드는 약 8만 줄(80KSLOC)이었다. 우리는 소스코드를 테이프에 보관했다.

그 테이프는 70년대에 아주 인기가 있었던 8트랙 스테레오 테이프 카트리지와 유사한 것들로써 무한 반복이 가능하고 테이프 드라이브는 한 방향으로만 이동할 수 있었다. 카트리지는 길이가 10, 25, 50 및 100인치가 출시되었다. 테이프 드라이브가 '로드포인트'를 확인할 때까지 앞으로 움직여야 했기에 테이프가

길수록 '다시 감기'를 하는 데 시간이 더 걸렸다. 100인치 테이프는 포인트 로드를 하는 데 5분이 걸렸기 때문에 테이프 길이를 선택하는 데 신중을 기했다.[1]

논리적으로, 그 테이프들은 파일로 세분화되었다. 한 테이프에는 맞는 만큼의 많은 파일을 가질 수 있었다. 파일을 찾으려면 테이프를 로드한 다음 원하는 것을 찾을 때까지 한 번에 한 파일씩 앞으로 건너뛰었다. 벽에는 소스코드 디렉토리 목록을 보관해서 원하는 것을 얻기 전에 건너뛰어야 할 파일 숫자를 알게 되었다.

실험실 선반에는 소스코드 테이프의 마스터 100인치 복사본이 있었다. 여기에는 마스터라고 표시를 붙였다. 한 파일을 편집하려면 한 드라이브에 마스터 소스 테이프를 로드하고 10인치 빈 테이프를 또 다른 드라이브에 로드했다. 필요한 파일을 찾을 때까지 마스터를 통해서 건너 뛰었다. 그런 다음 빈 테이프에 그 파일을 복사했다. 그리고는 두 테이프 모두 '다시 감기'를 한 다음 마스터를 선반에 되돌려놓았다.

실험실 게시판에는 마스터 목록에 대한 특별 디렉토리가 있었다. 일단 편집하려는 파일의 복사본들을 만들고 나면, 그 파일명 옆에 있는 보드에 색상이 있는 핀을 꽂았다. 이게 우리가 파일을 체크아웃하는 방법이었다!

우리는 화면을 보면서 테이프들을 편집했다. 텍스트 편집기 ED-402는 vi와 매우 유사하며, 실제로 아주 훌륭했다. 테이프에서 '페이지'를 판독하고, 내용을 편집한 다음 그 페이지를 작성하고 다음 페이지를 판독했다. 한 페이지는 보통 50줄의 코드였다. 다가오는 페이지를 보려고 그 테이프를 미리 볼 수는 없었고, 편집이 끝난 페이지를 보려고 테이프를 되돌려볼 수도 없었다. 그래서 우리는 목록을 활용했다.

---

1 그 테이프들은 한 방향으로만 움직일 수 있어서 판독 오류가 있을 때는 테이프 드라이브를 되돌려서 재판독할 방법이 없었다. 진행 중인 작업을 중단시켜서 로드포인트로 테이프를 되돌린 다음 다시 시작해야 했다. 이런 일은 하루에 두세 번 발생했다. 쓰기 오류 또한 아주 흔했으며 드라이브가 이것들을 감지할 방법이 없었다. 그래서 항상 테이프를 쌍으로 작성해서 완료가 되었을 때 테이프들을 한 쌍씩 점검했다. 테이프들 중 불량이 있으면 즉시 복사본을 만들었다. 그리 흔하지는 않았지만 그 두 개 모두 불량이면 전체 작동을 반복했다. 70년대의 삶은 대충 이러했다.

우리는 만들고자 하는 모든 변화들의 목록을 표시한 다음, 그 표시에 따라서 파일들을 편집했다. 누구도 단말기에서 코드를 작성하거나 수정하지 않았다! 그건 자살행위였다.

편집해야 하는 모든 파일들을 변경하고 나면, 그 파일들을 마스터에 통합해 작동 테이프를 만들었다. 이것이 컴파일과 테스트 구동에 사용하는 테이프다.

테스트를 마치고 변경사항이 작동되는 것을 확인하고 나면 보드를 살펴보았다. 보드에 새 핀들이 없으면 마스터라는 작동 테이프에 재표식을 넣고 보드에서 핀을 빼냈다. 보드에 새 핀들이 있으면 그들을 제거해서 보드에 여전히 핀을 갖고 있는 사람에게 작동 테이프를 건네주었다. 그들은 통합^{merge} 과정을 거쳐야 했다.

우리 3명 각자는 자기만의 색상 핀이 있었기 때문에, 누가 어떤 파일을 체크아웃했는지 알기 쉬웠다. 그리고 우리 모두 같은 실험실에서 항상 대화를 하기 때문에, 머릿속에 보드의 상태를 그리고 있었다. 그래서 보통 보드는 불필요해서 사용하지 않을 때가 많았다.

도구

오늘날 소프트웨어 개발자들에게는 선택 가능한 도구들이 광범위하게 많다. 그들 대부분은 확인해볼 가치는 없지만, 몇몇은 모든 소프트웨어 개발자들이 필히 숙지해야 하는 것들이다. 이 장에서는 내가 현재 사용하는 개인 도구 키트를 설명한다. 모든 다른 도구들에 대해서 완벽한 조사를 하지 않았기 때문에, 여기의 내용들이 포괄적인 검토라고는 생각하지 말자. 이것은 단지 내가 사용하는 것일 뿐이다.

소스코드 제어

소스코드 제어에 관한 한, 오픈소스 도구들은 보통 최상의 선택이 된다. 그 이유는 개발자들이 개발자들을 위해 오픈소스 도구들을 작성하기 때문이다. 오픈소스 도구들은 개발자들이 작동되는 것들을 필요로 할 때 스스로 작성하는 것들이다.

몇몇 비싼 상업적 '기업'용 버전 컨트롤 시스템도 있긴 하다. 알아보니 이런 시스템은 개발자들에겐 팔리지 않고 관리자, 임원, 또 다른 도구 모음 사용자에게만 팔리기 때문에, 개발자들은 이것들을 구매할 수 없음을 알았다. 이 시스템들의 기능 목록들은 인상적이며 강렬하지만, 개발자들이 실제로 필요로 하는 기능들은 없었다. 그중 가장 필요 없는 기능은 속도다.

기업용 소스 제어시스템

당신의 기업은 기업용 소스코드 제어시스템에 약간의 금액을 투자했을지도 모른다. 그렇다면 애도를 표한다. 아마도 모두에게 그것을 "사용하지 말라"고 홍보하는 것은 상황상 부적절할 것이다. 그렇지만, 손쉬운 해결 방법이 하나 있다.

각각의 반복 주기가 끝날 때마다 (격주 정도 간격) 소스코드를 '기업용' 시스템에 체크인하고 반복 주기 중간에는 오픈소스 시스템 중 하나를 사용한다. 이렇게 하면 모두에게 좋고, 기업 규정을 위반하지 않으면서 높은 생산성을 유지하게 해준다.

비관적 vs 낙관적 잠금

비관적 잠금^{locking}은 80년대에는 좋은 생각으로 여겨졌던 것 같다. 결국, 동시 업데이트 문제를 관리하는 가장 단순한 방법은 한 줄로 줄 세우는 것이다. 따라서 누군가 어떤 파일을 편집하는 중이면, 다른 사람은 그 파일을 편집하면 안 된다. 내가 70년대 후반에 사용했던 색상 핀 시스템은 비관적 잠금의 한 형태였다. 핀이 꽂힌 파일은 편집하지 않았다.

물론, 비관적 잠금도 자체적인 문제점들이 있다. 한 파일을 잠근 다음 휴가를 간다고 하면, 그 파일을 편집하려는 모든 다른 이들이 낭패를 겪는다. 파일을 차지한 시간이 비록 하루 이틀 뿐이라 해도, 변화를 필요로 하는 다른 이들에게 지장을 줄 수 있다.

현재의 도구들은 동시에 편집된 소스 파일들을 병합하기에 훨씬 좋아졌다. 이것을 생각하면 아주 놀랍다. 그 도구들은 두 개의 다른 파일들과 그 두 파일들의 원본을 살핀 다음 복수의 전략을 적용해 동시 발생 변화들을 통합하는 방법을 알아낸다. 이렇게 해서 상당히 훌륭한 작업을 해낸다.

이렇게 비관적 잠금^{pessimistic lock}의 시대는 끝났다. 파일을 체크아웃할 때 더 이상 파일을 잠글 필요가 없다. 사실 개별 파일을 체크아웃하는 일은 신경 쓰지도 않는다. 단순히 시스템 전부를 다 체크아웃하고 필요한 파일을 편집한다.

변경 내용을 체크인할 준비가 되면, '업데이트' 동작을 실행한다. 이는 누군가가 우리 앞에서 코드를 체크인 했는지를 알려줘서, 자동적으로 그 변경사항 대부분을 병합하고, 불일치를 찾아내며, 나머지 병합을 하도록 돕는다. 그런 다음 우리는 병합된 코드를 커밋한다.

자동화된 테스트와 지속적 통합의 역할에 대해 할 말이 많으므로 이 장의 뒷부분에서 이들 프로세스를 자세히 알아볼 것이다. 당분간은 그저 모든 테스트를 통과하지 못한 코드는 결코, 절대로 체크인하지 않는 것으로 하자.

CVS/SVN

지난날 많이 쓰던 소스 제어 시스템은 CVS다. 당시에는 좋았지만 오늘날의 프로젝트에서는 약간 구식이 되어버렸다. 개별 파일과 디렉토리 처리에는 아주 훌륭하다고 해도, 파일명 변경이나 디렉토리 삭제에는 별로 좋지 않다. 그리고 글쎄, 이에 대해서는 언급하지 않는 것이 더 나을 것이다.

그에 비해 subversion은 아직도 잘 동작한다. 한 번의 조작으로 전체시스템을 체크아웃할 수 있다. 업데이트, 병합, 커밋이 쉽다. 브랜치만 하지 않는다면, SVN 시스템은 관리하기가 아주 간단하다.

브랜치

나는 2008년도까지 브랜치의 가장 단순한 형태만 남겨 놓고 나머지는 모두 피했다. 개발자가 하나의 브랜치를 생성하면, 그 브랜치는 반복 끝부분 전의 주 라인으로 되돌려야 했다. 나는 브랜치에 아주 엄격해서 내가 관여했던 프로젝트에서는 거의 하지 않았다.

나는 여전히 SVN을 사용하는 것을 좋은 방침이라고 생각한다. 하지만 이를 완전히 바꿔주는 새로운 도구 몇 가지가 있다. 이들은 분산 소스 제어 시스템이다. git은 내가 제일 좋아하는 분산 소스 제어 시스템이다. git에 대해 살펴보자.

git

2008년도 후반기에 나는 git을 쓰기 시작했고, 그 이후로 나의 소스코드 제어 사용법의 모든 것이 바뀌었다. 이 도구가 왜 그런 획기적인 변화인지를 이해하는 것은 이 책의 범위를 벗어난다. 여기서 길게 설명하진 않겠지만, 그림 A.1과 A.2를 비교해보는 일은 충분히 가치가 있다.

그림 A.1은 몇 주간의 SVN을 사용하는 FitNesse 프로젝트 개발 과정을 보여준다. 이를 통해 내가 중요시 하는 브랜치-없음 규칙의 효과를 볼 수 있을 것이다. 우리는 단순히 브랜치를 하지 않는다. 대신 주 라인에 대해 매우 빈번하게 업데이트, 병합 및 커밋을 했다.

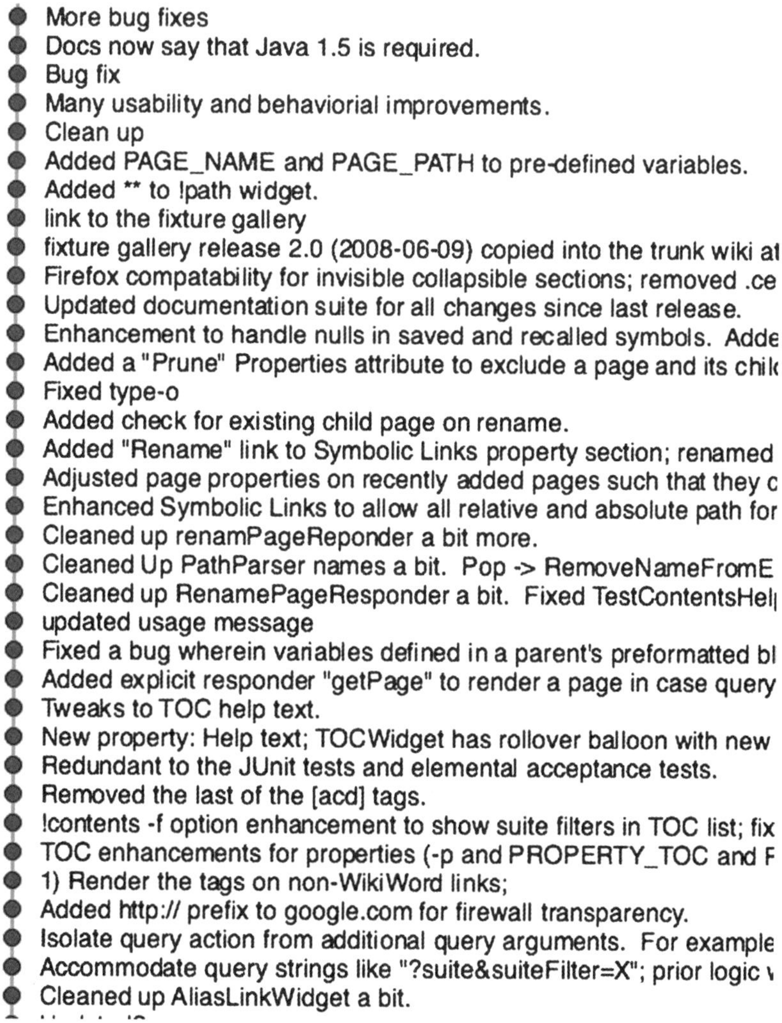

- More bug fixes
- Docs now say that Java 1.5 is required.
- Bug fix
- Many usability and behaviorial improvements.
- Clean up
- Added PAGE_NAME and PAGE_PATH to pre-defined variables.
- Added ** to !path widget.
- link to the fixture gallery
- fixture gallery release 2.0 (2008-06-09) copied into the trunk wiki at
- Firefox compatability for invisible collapsible sections; removed .ce
- Updated documentation suite for all changes since last release.
- Enhancement to handle nulls in saved and recalled symbols. Adde
- Added a "Prune" Properties attribute to exclude a page and its chik
- Fixed type-o
- Added check for existing child page on rename.
- Added "Rename" link to Symbolic Links property section; renamed
- Adjusted page properties on recently added pages such that they c
- Enhanced Symbolic Links to allow all relative and absolute path for
- Cleaned up renamPageReponder a bit more.
- Cleaned Up PathParser names a bit. Pop -> RemoveNameFromE
- Cleaned up RenamePageResponder a bit. Fixed TestContentsHel
- updated usage message
- Fixed a bug wherein variables defined in a parent's preformatted bl
- Added explicit responder "getPage" to render a page in case query
- Tweaks to TOC help text.
- New property: Help text; TOCWidget has rollover balloon with new
- Redundant to the JUnit tests and elemental acceptance tests.
- Removed the last of the [acd] tags.
- !contents -f option enhancement to show suite filters in TOC list; fix
- TOC enhancements for properties (-p and PROPERTY_TOC and F
- 1) Render the tags on non-WikiWord links;
- Added http:// prefix to google.com for firewall transparency.
- Isolate query action from additional query arguments. For example
- Accommodate query strings like "?suite&suiteFilter=X"; prior logic v
- Cleaned up AliasLinkWidget a bit.

그림 A.1 Subvension 사용 중인 FitNesse

그림 A.2는 git을 활용하는 동일 프로젝트상에서 몇 주간의 개발 과정을 보여준다. 보다시피, 모든 곳에서 브랜치와 병합을 한다. 이는 내가 브랜치-없음 방침을 완화해서라기보다는, 브랜치가 단순히 명백하고도 가장 편리하게 작업하는 방법이 되었기 때문이다. 개별 개발자들은 매우 단명한 브랜치를 만든 다음 즉흥적으로 서로를 병합할 수 있다.

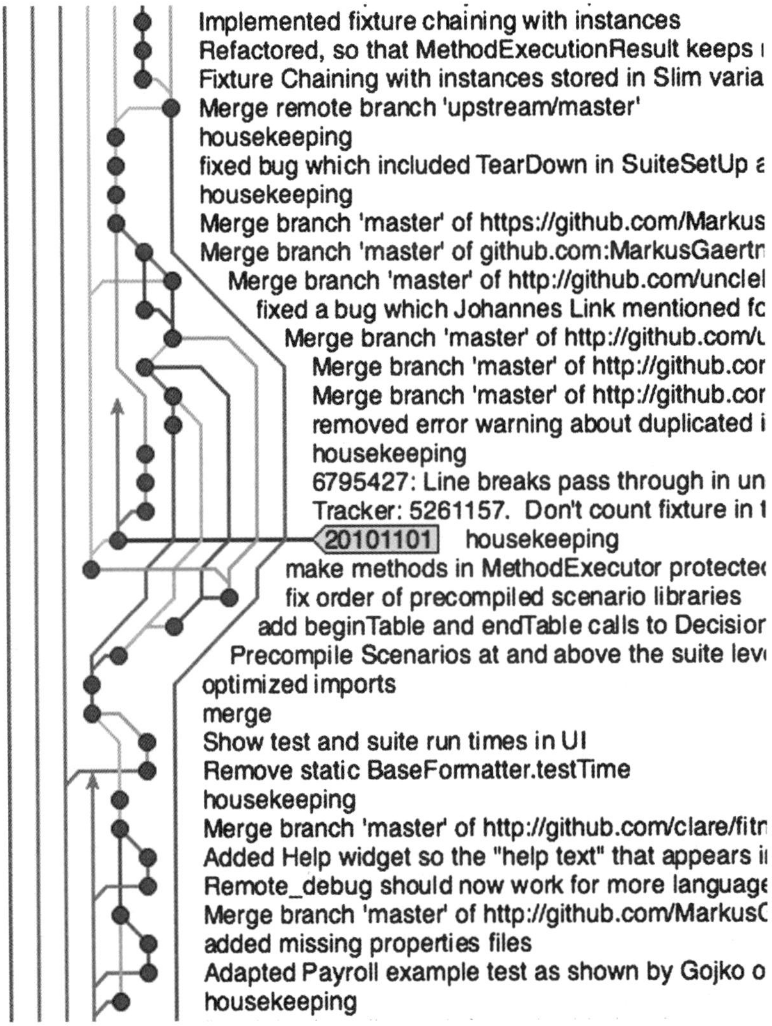

Implemented fixture chaining with instances
Refactored, so that MethodExecutionResult keeps
Fixture Chaining with instances stored in Slim varia
Merge remote branch 'upstream/master'
housekeeping
fixed bug which included TearDown in SuiteSetUp a
housekeeping
Merge branch 'master' of https://github.com/Markus
Merge branch 'master' of github.com:MarkusGaertn
Merge branch 'master' of http://github.com/unclel
fixed a bug which Johannes Link mentioned fc
Merge branch 'master' of http://github.com/u
Merge branch 'master' of http://github.con
Merge branch 'master' of http://github.con
removed error warning about duplicated i
housekeeping
6795427: Line breaks pass through in un
Tracker: 5261157. Don't count fixture in 1
20101101   housekeeping
make methods in MethodExecutor protecteo
fix order of precompiled scenario libraries
add beginTable and endTable calls to Decisior
Precompile Scenarios at and above the suite levo
optimized imports
merge
Show test and suite run times in UI
Remove static BaseFormatter.testTime
housekeeping
Merge branch 'master' of http://github.com/clare/fitr
Added Help widget so the "help text" that appears ir
Remote_debug should now work for more language
Merge branch 'master' of http://github.com/MarkusC
added missing properties files
Adapted Payroll example test as shown by Gojko o
housekeeping

그림 A.2 git 사용 중인 FitNesse

또한 진정한 주 라인을 볼 수 없음에 주목하라. 이는 주 라인이 없기 때문이다.
git을 사용할 때는 중심 저장소 또는 주 라인 같은 것이 없다. 모든 개발자들은
그들의 로컬기기상에 프로젝트의 전체 히스토리에 대한 그들만의 사본을 유지
한다. 그들은 그 로컬 사본에서 체크인, 체크아웃한 다음 필요한 대로 타인들과
함께 그것을 병합한다.

내가 작업한 모든 출시들과 중간 빌드들을 넣어두는 특별한 골든 저장소를 유지하는 것은 사실이다. 하지만 이 저장소를 주 라인으로 부르는 행동은 요점을 잃은 행동이다. 이 저장소는 모든 개발자들이 국부적으로 유지하는 전체 히스토리에 대한 단순히 편리한 스냅샷일 뿐이다.

이해가 잘 안 되더라도 괜찮다. git을 처음 접할 때는 어지럽고 헷갈리기 마련이다. git 사용법에 익숙해져야 한다. 하지만 git과 같은 도구들은 미래의 소스코드 제어의 모습이라는 점을 강조하고자 한다.

IDE/편집기

개발자들은 대부분의 시간을 코드에 대한 판독과 편집에 소모한다. 이 목적으로 사용하는 도구들은 수십 년에 걸쳐 많이 변화했다. 어떤 것들은 엄청나게 강력하며, 어떤 것들은 70년대 이래로 거의 변하지 않았다.

VI

주요 개발편집기로써 vi를 사용하는 시대는 오래 전에 끝났다고 생각하는 사람도 있을 것이다. 요즘은 vi를 훨씬 압도하는 도구들이 있으며, 이와 유사한 단순한 텍스트 편집기들도 있다. 그러나 사실상 vi는 그 단순성, 사용편의성, 속도 및 유연성으로 인해 상당한 인기를 얻고 있다. Vi는 Emacs나 이클립스 만큼은 강력하지 않지만, 여전히 빠르고 강력한 편집기다.

이런 말을 하는 나는 더 이상 숙달된 vi 사용자가 아니다. 내가 vi를 '신'이라고 여겼던 때가 있었지만, 그건 오래 전 일이다. 나는 텍스트 파일을 빠르게 편집해야 할 때 가끔씩 vi를 활용한다. 심지어 최근에 원격 환경에서 자바 소스 파일을 빠르게 수정할 때 사용했다. 그렇지만 지난 10년 동안 vi에서 내가 코딩한 양은 매우 적다.

EMACS

Emacs는 여전히 가장 강력한 편집기며, 앞으로도 아마 수십 년 동안 그럴 것이다. 내부 리스프 모델이 이를 보증한다. 다른 어떤 범용 편집 도구도 이와 견줄수 없다. 그런가 하면, Emacs는 현재 주도하고 있는 특수 용도의 IDE들과는 정말로 경쟁이 안 된다고 생각한다. 코드 편집은 일반 편집과 다르다.

나는 90년대에 Emacs를 편애했었기 때문에 다른 어떤 것도 고려하지 않았다. 그 당시의 마우스 활용 편집기들은 엉뚱한 장난감 같아서 어떤 개발자들도 진지하게 여기지 않았다. 하지만 2000년대 초기에 나는 현재의 IDE 선택인 IntelliJ를 소개받은 뒤로는 결코 뒤돌아보지 않았다.

이클립스/INTELLIJ

IntelliJ를 아끼는 사용자로써 자바, 루비, 클로저, 스칼라^{Scala}, 자바스크립트 그리고 다른 많은 것들을 작성할 때 IntelliJ를 사용한다. 이 도구는 코드 작성 시 필요로 하는 것을 이해하는 프로그래머들이 작성했다. 수년간에 걸쳐서 내게 실망을 준 적이 거의 없으며 매번 내게 즐거움을 주었다.

이클립스는 그 파워와 범위가 IntelliJ와 유사하다. 그 두 가지는 자바 편집에 관한 Emacs를 압도한다. 이 범주에는 다른 IDE들이 있지만, 이들을 직접 경험한 적이 없어서 여기서는 언급하지 않겠다.

이런 IDE들이 Emacs과 같은 도구들보다 우위에 서게 만드는 기능들은 코드 조작에 도움을 주는 매우 강력한 방법들이다. 예를 들어, IntelliJ는 단일 명령어 클래스에서 상위 클래스를 추출할 수도 있다. 그 외 여러 훌륭한 기능 중에서 가장 쓸만한 기능은 변수 이름 바꾸기, 메소드 추출, 상속 관계를 구성^{composition}으로 바꾸기 등이 있다.

이런 도구를 사용하면 코드 편집은 단순히 문자를 쓰고 줄을 바꾸는 일을 벗어나 복잡한 조작을 포함하게 된다. 입력하고자 하는 문자 몇 개, 줄 몇 개보다 진짜 필요한 코드 변경을 신경 쓰게 된다. 간단히 말해, 프로그래밍 모델은 눈에 띄게 다르며 그 생산성이 높다.

물론, 이런 파워에는 대가가 있다. 배우는 데 시간을 들여야 하며, 프로젝트 설정시간이 꽤 늘어난다. 또한 이런 도구들은 부피가 커서 구동을 위해 자원이 많이 소모된다.

TEXTMATE

TextMate는 강력하면서도 가볍다. 이것은 IntelliJ와 이클립스가 할 수 있는 놀라운 조작은 할 수 없으며, Emacs의 강력한 리스프 엔진과 라이브러리도 없다. 또한 vi의 속도와 유동성도 없다. 하지만 배우기 쉽고 조작법이 직관적이다.

나는 수시로 TextMate를 사용하는데, 특히, 가끔 쓰곤 하는 C++에 사용한다. 나는 대형 C++프로젝트에는 Emacs를 쓰지만, 내가 갖고 있는 짧은 소형의 C++에서는 Emacs를 고집하진 않는다.

이슈 추적

현재 나는 Pivotal Tracker를 사용 중인데, 이것은 사용하기 좋은 우아하며 단순한 시스템이다. 이것은 기민하고 반복적인 접근법에 잘 맞아서 이해당사자들과 개발자들의 신속한 소통을 가능하게 한다. 나는 이것에 매우 만족한다.

아주 소형의 프로젝트에서는 때때로 Lighthouse를 사용했다. 이것은 설정하기 쉽고 매우 빠르다. 하지만 Tracker의 파워에는 미치지 못한다.

또한 단순히 Wiki를 사용하기도 한다. Wiki는 회사 내부 프로젝트에 적합하다. 좋아하는 대로 스키마를 설정할 수 있다. 특정 프로세스나 엄격한 구조를 쓰지 않아도 된다. 이해하기 쉽고 사용이 매우 쉽다.

때때로 모든 이슈 추적 시스템들 중 최고는 일련의 카드와 게시판이다. 게시판은 '할 것', '진행 중인 것', 그리고 '완료됨' 등의 칸들로 나뉘어진다. 개발자들은 적절할 때 단순히 카드를 다음 칸으로 이동시킨다. 이것은 오늘날 애자일 팀들이 활용하는 가장 흔한 이슈 추적 시스템일 것이다.

내가 고개들에게 권장하는 것은 추적 도구 구매 이전에 게시판 같은 수작업 시스템으로 시작하라는 것이다. 매뉴얼 시스템을 마스터하고 나면, 적합한 도구 선택에 필요한 지식을 갖게 될 것이다. 그리고 적합한 선택이 단순히 수작업 시스템을 계속 사용하는 것이 될 수도 있다.

오류 카운트

개발팀들은 작업을 할 이슈 목록을 필요로 한다. 이런 이슈들에는 신규 과제, 기능과 더불어 오류들이 포함된다. 정상적 규모의 팀들(개발자 5명 내지 12명)에게 그 목록의 크기는 수천 개가 아닌, 수십에서 수백 개가 되어야 한다

만일 수천 개의 오류가 생긴다면, 뭔가 잘못된 것이다. 또한 수천 개의 특징이나 과제가 있어도 마찬가지다. 일반적으로, 이슈 목록은 비교적 작기 때문에 Wiki, Lighthouse, Tracker 등의 경량 도구로 관리가 가능하다.

꽤 좋아 보이는 상업용 도구들이 몇 개 있다. 그 도구를 쓰는 고객을 본 적은 있지만, 직접 사용해볼 기회는 없었다. 이슈의 숫자들이 작고 관리가 가능하다면 나는 이런 상업적인 도구들에 반대하지 않는다. 이슈 추적 도구들로 하여금 억지로 수천 개의 이슈들을 추적하게 하면, '추적'이라는 단어의 의미가 상실된다. 그러면 그것들은 '이슈 쓰레기'(그리고 종종 쓰레기 같은 냄새가 나기도 한다)가 되어버린다.

지속적인 빌드

최근에 나는 지속적 빌드build 엔진으로 Jenkins를 사용하고 있다. Jenkins는 경

량이고 단순하며 바로 사용이 가능하다. 다운로드한 후 구동을 시키고, 빠르고 간단한 구성을 하면 준비가 되어 작동되는 아주 훌륭한 틀이다.

지속적 빌드에 대한 내 철학은 단순하다. 소스코드 제어시스템에 연결하는 것이다. 누구든지 코드를 체크인할 때마다, 자동 빌드가 되어 상태를 팀에게 보고하게 된다.

팀은 반드시 언제든지 빌드가 잘 동작하도록 유지해야 한다. 빌드가 깨지면 '출시 중단' 사건이 발생하고, 그러면 팀은 그 문제를 신속히 해결해야만 한다. 어떤 상황에서도 그 오류가 하루 이상 지속되게 해서는 안 된다.

FitNesse 프로젝트에 대해 나는 모든 개발자들에게 커밋 전에 지속적 빌드 스크립트를 작동시키도록 한다. 빌드에 걸리는 시간은 5분 이내이므로 부담이 되지 않는다. 개발자들은 문제가 있다면, 커밋 전에 해결한다. 그래서 자동 빌드에는 문제가 거의 없다. 나의 자동 빌드 환경이 개발자의 개발 환경과는 상당히 다르기 때문에 자동 빌드 오류의 가장 흔한 원인은 환경 관련 문제다.

단위 테스트 도구

각 엔진은 각자만의 특정 단위 테스트 도구를 갖고 있다. 내가 제일 좋아하는 것은 자바용 JUnit, 루비용 rspec, .Net용 NUnit, 클로저용 Midje, C와 C++용 CppUTest 등이다.

어떤 단위 테스트 도구를 선택하든지, 몇 가지 기본 기능은 반드시 지원해야 한다.

1. 테스트 구동이 빠르고 쉬워야 한다. 이것을 IDE 플러그인이나 단순 명령행 도구를 통해서 하는지의 여부는 개발자들이 즉흥적으로 그런 테스트들을 구동할 수 있다면 상관없다. 테스트 구동 표현 문제는 사소한 것이다. 예를 들면, 나는 TextMate에서 command-M을 타이핑해 CppUTest 테스트를 구동한

다. 이 명령을 설정해 자동으로 테스트를 구동해 모든 테스트들이 통과되면 1줄 리포트를 출력하는 `makefile`을 구동한다. JUnit과 rspecare 모두 IntelIJ 의 지원을 받기 때문에 버튼만 누르면 된다. NUnit에 대해서는 테스트 버튼 을 위해서 Resharper 플러그인을 사용한다.

2. 눈으로 봤을 때 통과/불합격 표시를 분명하게 알 수 있어야 한다. 이것이 그 래픽 녹색 막대든 '모든 시험 통과'를 표시하는 콘솔 메시지인지는 상관없다. 포인트는 반드시 빠르고 분명하게 모든 테스트의 합격 여부를 알 수 있어야 한다는 것이다. 여러 줄의 보고서를 읽어야 하거나, 심한 경우 테스트 통과 여부를 알려주는 두 개 파일들의 결과를 비교해야 한다면, 이 부분을 실패한 것이다.

3. 진행 상황에 대해 분명한 시각적 표시를 할 수 있어야 한다. 진행 상황이 여 전히 표시되고 테스트가 멈추거나 중단되지 않는 한, 이것이 그래픽 미터이 든 여러 개의 점인지의 여부는 문제가 되지 않는다.

4. 각각의 테스트가 서로 상호작용하는 행동을 하기 어렵게 만들어야 한다. Junit은 각 테스트 메소드마다 테스트 클래스 인스턴스를 새로 만듦으로써 이 기능을 만족하며, 그로 인해 테스트들이 인스턴스 변수를 사용해 서로 상 호작용하는 행동을 막는다. 다른 도구들은 무작위 순서로 테스트 메소드를 실행함으로써 다른 테스트가 이전 테스트에 의지할 수 없게 만든다. 어떤 방 식을 쓰든 도구는 테스트들이 서로 간에 독립적이 되도록 도움이 줘야 한다. 서로 의존하는 테스트는 빠지지 말아야 할 깊은 함정이다.

5. 테스트 작성이 아주 쉬워야 한다. JUnit은 assert 문장을 만들기 쉽게 편리한 API를 공급함으로써 이 기능을 만족한다. 이것은 또한 리플렉션과 자바 속성 을 사용해 정상적 기능과 테스트 기능을 구별한다. 또한 양호한 IDE가 자동 으로 모든 테스트들을 식별해, 테스트 묶음을 실행준비하고 테스트의 오류 경향 목록을 만드는 번거로움을 제거할 수 있게 한다.

컴포넌트 테스트 도구

이 도구들은 API 수준에서의 컴포넌트^{Component} 테스트를 위한 것이다. 그 역할은 구성요소의 행위를 사업분석가 및 QA 전문가가 이해할 수 있는 언어로 명세하도록 보장하는 것이다. 이상적인 사례는 사업분석가들과 QA가 이 도구를 활용하는 사양을 작성할 수 있을 때다.

완료에 대한 정의

컴포넌트 테스트 도구는 다른 도구들보다 완료의 의미를 구체화하는 수단이다. 사업분석가 및 QA 전문가가 협력해 한 구성요소의 행위를 정의하는 사양을 만들고, 그 사양을 통과하거나 실패하는 테스트의 묶음으로써 실행할 수 있을 때, 완료는 아주 분명한 '모든 테스트 통과'라는 의미를 갖는다.

FitNesse

내가 가장 좋아하는 컴포넌트 테스트 도구는 FitNesse다. 나는 이 프로젝트의 주요 커미터다. 즉, FitNesse는 내 자식이다.

FitNesse는 사업분석가와 QA 전문가들이 아주 단순한 표 모양으로 작성할 수 있게 하는 wiki 기반 시스템이다. 이 도표들은 형태와 내용면에서 Parnas 표와 유사하다. 이 테스트들은 묶음으로 빠르게 조립할 수 있고, 그 묶음들은 즉흥적으로 구동할 수 있다.

FitNesse는 자바로 만들었지만 어떤 언어로든 작성할 수 있는 기본 테스트 시스템과 통신을 하기 때문에 어떤 언어로도 시스템을 테스트할 수 있다. 지원 언어들에는 자바, C#/.NET, C, C++, 파이썬, 루비, PHP, 델파이^{Delphi}와 그 외의 것들이 포함된다.

FitNesse의 기반에는 두 개의 테스트 시스템인 Fit와 Slim이 있다. Fit는 워드 커닝햄^{Ward Cunningham}이 작성했으며 FitNesse의 기원이었으며 둘은 같은 계열이다. Slim은 오늘날 FitNesse 사용자들이 좋아하는 좀 더 단순하고 설치하기 쉬운 테스트 시스템이다.

기타 도구들

내가 알고 있는 여러 다른 도구들은 컴포넌트 테스트 도구로 분류할 수 있는 것들이다.

- RobotFX는 노키아^{Nokia} 엔지니어들이 개발한 도구다. 이것은 FitNesse와 유사한 도표 포맷을 사용하지만 wiki 기반은 아니다. 이 도구는 단순히 엑셀이나 그와 유사한 것으로 작성된 플랫 파일상에서 구동된다. 이 도구는 파이썬으로 작성하지만 적절한 브릿지를 사용해 어떤 언어에서도 시스템을 테스트할 수 있다.

- Green Pepper는 FitNesse와 비슷한 점이 많은 상업용 도구다. 인기 있는 융합 wiki를 기반으로 한다.

- Cucumber는 루비 엔진으로 구동되는 평범한 테스트 도구지만, 많은 다른 플랫폼을 테스트할 수 있다. Cucumber의 언어는 인기 있는 Given/When/Then 스타일이다.

- JBehave는 Cucumber와 유사하며 Cucumber의 논리적 부모이며 자바로 작성된다.

통합 테스트 도구

컴포넌트 테스트 도구는 많은 통합 테스트에 사용할 수 있지만, UI를 통해 구동되는 테스트에는 그다지 적합하지 않다.

일반적으로 UI는 불안정성에서 악명이 높으므로, UI를 통해서 많은 테스트를 구동하려고 하지 않는다. 그런 불안정성은 UI를 통과하는 테스트들을 매우 취약하게 만든다.

위와 같이, 반드시 UI를 통과해야만 하는 테스트들(가장 중요하게는 UI에 대한 테스트들)이 있다. 또한 몇 개의 단말기간 테스트들은 UI를 포함한 전체 조립 시스템을 통과해야 한다.

UI 테스트에 대한 도구로 내가 가장 선호하는 것들은 Selenium과 Watir이다.

UML/MDA

90년대 초반에 나는 CASE 도구업계가 소프트웨어 개발자들이 일하는 방법에 급격한 변화를 일으킬 것을 많이 바랐다. 그런 활발한 시기에 미래를 내다보면서, 나는 지금쯤이면 모든 이들이 더 높은 수준의 추상적 관념으로 도표 속에 코딩을 하고 텍스트 코드는 과거의 것이 될 것이라고 생각했다.

하지만 내 생각은 틀렸다. 이런 내 꿈은 이루어지지 않았으며 그런 방향으로의 모든 시도는 비참한 실패를 맛보았다. 잠재성을 나타내는 도구와 시스템들이 없었다기보다는 그런 도구들이 진정으로 꿈을 실현시키지 못했으며, 그것들을 사용하려는 사람들은 거의 찾아볼 수 없다는 것이다.

그 꿈은 소프트웨어 개발자들이 텍스트 코드의 세부사항은 신경 쓰지 않고 더 높은 수준의 도표 언어로 시스템을 쓰는 것이었다. 그래서 꿈대로 된다면 프로그래머들이 전혀 필요가 없게 된다. 아키텍트가 UML 도표로 전체 시스템을 만들 수 있다. 프로그래머들을 힘들게 하는 광대하고 냉정하며 몰인정한 엔진은 이런 도표들을 실행 가능한 코드로 변형시킬 것이다. 그것이 모델 주도형 구조 Model Driven Architecture의 원대한 꿈이었다.

이 원대한 꿈은 불행하게도 하나의 작은 오류를 가지고 있다. MDA는 그 문제가 코드에 있다고 가정한다. 하지만 코드는 문제가 아니며 결코 그랬던 적도 없다. 문제는 세부사항에 있다.

세부사항

프로그래머는 세부사항 관리자다. 그것이 우리가 하는 일이다. 프로그래머들은 가장 세밀한 세부사항을 통해 시스템의 행위를 구체화한다. 우리는 텍스트 언어가 눈에 띄게 편리하기 때문에(예를 들어, 영어를 생각해보라) 코드에 대해 텍스트 언어를 사용하게 된다.

프로그래머는 어떤 종류의 세부사항을 관리하는가?

\n과 \r 두 캐릭터 간의 차이점을 알고 있는가? 첫째, \n은 하나의 라인피드다. 둘째, \r은 복귀[return]다. 복귀란 무엇인가?

60년대와 70년대 초기에는 컴퓨터의 흔한 출력장치는 텔레타이프였다. ASR332[2] 모델이 가장 흔했다. 이 장치는 초당 10개의 문자를 출력할 수 있는 프린트헤드로 구성되어 있었다. 프린트헤드는 그 위에 문자들이 새겨진 작은 실린더로 되어 있었다. 실린더는 회전을 하고 상승하면서 정확한 문자가 종이와 만난 다음 작은 해머가 종이 위에 대고 실린더를 때리는 것이었다. 실린더와 종이 사이에는 잉크 리본이 있어서, 잉크는 캐릭터 모양을 종이 위에 나타냈다.

또한 프린터헤드는 캐리지 위에 위치했다. 캐리지는 프린트헤드를 가지고 모든 캐릭터들이 함께 오른쪽으로 한 칸씩 이동했다. 캐리지가 72개의 캐릭터 라인 끝에 이르면, 복귀 캐릭터(\r = 0×0D)를 보냄으로써 캐리지를 분명하게 되돌려야 했는데, 그렇게 하지 않으면 프린트헤드는 72번째 칸에 캐릭터를 계속 인쇄하게 되어, 꼴사나운 검정 직사각형이 되어 버렸다.

물론 그것으론 충분치 않았다. 캐리지를 되돌렸어도 종이가 다음 줄로 올라가지 않았다. 캐리지를 되돌리고 라인피드 캐릭터(\n = 0×0A)를 보내지 않으면, 새 라인은 이전 라인 위에 프린트를 했다.

그러므로 ASR33 텔레타이프에 대한 라인 종단 시퀀스는 \r\n이었다. 실제로, 캐리지 되돌리기에 100ms 이상 걸렸기 때문에 이점에 유의해야 했다. \n\r을

---

2 http://en.wikipedia.org/wiki/ASR-33_Teletype

보내면, 캐리지가 되돌려지면서 다음 캐릭터가 인쇄될 수 있었으므로 라인 중간에 있는 캐릭터에 얼룩이 졌다. 안전하게 하기 위해서 종종 한두 개의 지워진[3] 캐릭터들(0×FF)이 있는 라인 종단 시퀀스를 조절했다.

70년대에 들어서 텔레타이프 사용이 사라져가면서, 유닉스 같은 운영시스템은 라인종단 시퀀스를 단축시켜서 단순히 \n을 입력하면 됐다. 하지만 DOS 같은 다른 운영 시스템들은 기존의 \r\n을 계속 사용했다.

'잘못된' 전통을 쓰는 텍스트 파일을 다뤄야만 했던 마지막 때가 언제였던가? 나는 최소한 1년에 한 번 이 문제에 직면한다. 두 개의 동일 소스 파일들은 다른 라인 종단을 쓰기 때문에 비교가 되지 않으며, 체크썸 값이 달라진다. 텍스트 편집기들은 라인 종단이 '잘못되어' 있기 때문에 적절하게 줄바꿈을 하거나 줄 간격을 조절하지 못한다. 빈 라인을 예상하지 않는 프로그램들은 \r\n을 두 줄로 해석하기 때문에 망가진다. 어떤 프로그램들은 \r\n을 인식하지만 \n\r은 인식하지 못한다. 그 외에도 자잘한 문제가 많다.

이것이 내가 말하는 세부사항의 의미다. 라인 종단을 분류하는 끔찍하게 복잡한 로직을 UML로 구현한다면 얼마다 비참할까!

희망 없음, 변화 없음

MDA 운동의 희망은 코드 대신 도표를 사용함으로써 상당한 양의 세부사항을 제거하는 것이었다. 지금까지 그에 대한 희망은 별로 없는 것으로 입증되었다. 그림으로 제거가 가능한 코드 내에 새겨진 여분의 세부사항은 많지 않은 것으로 나타난 것이다. 게다가, 그림은 자체만의 우연한 세부사항들이 들어 있다. 그림들은 그것들만의 어법과 문법 그리고 규칙 및 제약이 있다. 그래서 종국에는

---

3 지워진 캐릭터들은 종이테이프 편집에 매우 유용했다. 관례적으로, 지워진 문자들을 무시했다. 그들의 코드인 0×FF는 테이프상의 그 열에 있는 모든 구멍이 뚫려 있다는 것을 나타냈다. 이는 어떤 캐릭터도 초과천공을 함으로써 지워진 것으로 전환할 수 있었다는 것을 의미한다. 그러므로 프로그램 입력 도중 실수했다면, 백스페이스로 그 천공을 지우면 계속해서 입력을 할 수 있는 것이다.

세부사항의 차이는 없는 것이다.

MDA의 희망은 단지 자바가 어셈블러보다는 높은 수준인 것처럼, 도표가 코드보다는 높은 수준의 관념인 것으로 확인되는 것이었다. 그렇지만, 그 희망은 현재까지 잘못된 것으로 입증되었다. 관념 수준상의 차이는 기껏해야 크지 않은 것이다.

그리고 마지막으로 언젠가 누군가가 진정으로 유용한 도식 언어를 발명한다고 치자. 그것은 그런 도표들을 그리는 아키텍트가 아니라 프로그래머들이 될 것이다. 도표는 단순히 새 코드가 될 것이며, 마침내 그 모든 것이 세부사항에 관한 것이고 프로그래머들이 그 세부사항을 관리하기 때문에 프로그래머들이 그 코드를 작성할 필요가 있게 될 것이다.

결론

소프트웨어 도구들은 내가 프로그래밍을 시작한 이래로 걷잡을 수 없이 더 강력하고 풍부해졌다. 내가 현재 쓰고 있는 도구 키트는 그런 것들의 단순한 하위 집합들이다. 나는 소스코드 제어에 git을, 이슈 관리에 Tracker를, 지속적 빌드에는 Jenkins를, 나만의 IDE로는 IntelliJ를, 테스트에는 XUnit을, 컴포넌트 테스트에는 FitNesse를 사용한다.

내 컴퓨터는 17인치 매트^{matte} 모니터, 8기가 램, 512기가 SSD에 두 개의 추가 모니터가 있는 맥북 프로, 2.8Ghz Intel Core i7 기종이다.

찾아보기

에이콘출판의 기틀을 마련하신 故 정완재 선생님 (1935-2004)

클린 코더

단순 기술자에서 진정한 소프트웨어 장인이 되기까지

발 행 | 2016년 8월 10일

지은이 | 로버트 마틴
옮긴이 | 정 희 종

펴낸이 | 권 성 준
편집장 | 황 영 주
편 집 | 이 지 은
           조 유 나
디자인 | 윤 서 빈

에이콘출판주식회사
서울특별시 양천구 국회대로 287 (목동)
전화 02-2653-7600, 팩스 02-2653-0433
www.acornpub.co.kr / editor@acornpub.co.kr

한국어판 ⓒ 에이콘출판주식회사, 2016, Printed in Korea.
ISBN 978-89-6077-881-8
http://www.acornpub.co.kr/book/clean-coder

이 도서의 국립중앙도서관 출판시도서목록(CIP)은 서지정보유통지원시스템 홈페이지(http://seoji.nl.go.kr)와
국가자료공동목록시스템(http://www.nl.go.kr/kolisnet)에서 이용하실 수 있습니다.(CIP제어번호: CIP2016016207)

책값은 뒤표지에 있습니다.